SCIENCE

岩波科学ライブラリー 267

うつも肥満も
腸内細菌に訊け！

小澤祥司

岩波書店

まえがき

人体の中の小宇宙といおうか、内なる大自然といおうか。

単細胞のちっぽけな生きものたちが織りなす壮大な生態系が、私たちひとりひとりの体内に存在する。それが腸内細菌叢(そう)である。何しろ腸内には多種多様な細菌が無数にひしめいていて、大便の重さの半分は細菌かその死骸だというのだから、びっくりする。

ちょっと前まで腸内細菌といえば大腸菌以外一般にはほとんど知られていなかった。夏になるとプールや海水浴場で大腸菌が検出されたと話題になる。大腸菌は汚染の指標なのである。そんなわけで(私も含め)たいていの人は、お腹の中に細菌がいると聞けば、なんだかばっちいものだと感じていたはずである。

ところがそのうち善玉菌・悪玉菌、腸内フローラに、乳酸菌だのビフィズス菌だのと、テレビや雑誌やネットには腸内細菌に関わる言葉が溢(あふ)れるようになった。正直いってそんな話は健康雑誌やテレビのワイドショーの話題にこそなれ、それほど科学的根拠のある話だとは思っていなかった。ところが学術論文にあたってみたら、ここ20年ほどの間に多くの研究者がこの分野に関心をもって取り組むようになり、新たな報告や仮説が続々と積み上がっていたのである。

とくにこの10年あまりのＤＮＡ・ＲＮＡレベルでの細菌探索技術の進歩で、これまで見えていなかった腸内細菌の驚くべき多様性と機能に光が当たっている。そこにはこれまでの常識を覆すような、驚くべき発見が数多くある。人体のおよそありとあらゆる生理機能に腸内細菌が関与しているのではないかと思われるほどである。その生態や人体において果たしている役割は、これまでの私たちの常識をはるかに超え、腸と脳を結ぶ複数の経路＝脳‐腸軸を通じて私たちのからだや心、そして健康と不可分に関わっていることがわかってきた。

便秘や下痢はいうに及ばず、気分障害、精神疾患、自閉症、パーキンソン病、アレルギーや自己免疫疾患、食欲、肥満や生活習慣病、癌（がん）、さらには老化と、およそありとあらゆる心身の問題に、腸内細菌との関わりが指摘されている。とくに近年増加している、「現代病」や「先進国病」などと呼ばれる疾病や障害の多くが、腸内細菌叢の乱れによってもたらされていると考えられている。

進化生物学や生物多様性の視点からも、腸内細菌と私たちとの相互関係は実に興味深い。腸内細菌とは、たまたま私たちの腸内に定着した細菌なのではない。動物が腸（消化管）をもった当初から、そこには細菌が住み着いていた。腸内細菌とは地球史レベルの長い時間を私たちとともに歩んできたパートナーなのである。

そんな腸内細菌と脳‐腸軸研究の最新の成果を、わかりやすく紹介したいと考えてまとめたのが本書である。私たちの腸内には、まさに内なる小宇宙と呼ぶにふさわしいフロンティアが存在する。その入門書として読んでいただけたら幸いである。

本書は、岩波書店の雑誌『科学』の連載(2017年3月号～8月号)がベースとなっている。単行本にまとめるにあたっては、専門用語はできるだけいいかえたり説明を加えたりし、横文字も極力使わないようにしたが、ほとんどの腸内細菌には和名がないため、一般にはあまりなじみのない学名をそのままカタカナ表記せざるをえなかった。その点はご容赦願いたい。『科学』連載中は、田中太郎編集長にご助力をいただきながら書き進めることができた。本書の編集過程では、自然科学書編集部の松永真弓さんに原稿をていねいに読んでいただき、多くのご助言もいただいた。あらためて感謝申し上げたい。

2017年10月

著　者

なお紙数の関係で、主な参考文献を収めることができなかったので、出版社のウェブサイト(http://iwnm.jp/029667)に掲載した。興味のある方はこちらを参照されたい。

目　次

イラスト（図1-4・2-4・3-1・4-2・4-3）＝川野郁代

本書に出てくる主な腸内細菌の門とグループ(属)・種

門	腸内に見られる主な細菌グループ(属)・種
バクテロイデス門	アリスティペス属，バクテロイデス属，プレボテラ属，ベイロネラ属
フィルミクテス門	ウェルシュ菌，エウバクテリウム属，エンテロコックス属，カロラマトール属，クロストリディウム属，サルキナ属，セグメント細菌，大便桿菌，ディフィシル菌，ドレア属，乳酸菌類(ストレプトコックス属，ラクトコックス属，ラクトバチルス属など)，ブラウティア属，ルミノコックス属
プロテオバクテリア門	オキサロバクター属，大腸菌，ビロフィラ属，ピロリ菌
スピロヘータ門	トレポネーマ属
放線菌門	ビフィズス菌(ビフィドバクテリウム属)
フソバクテリウム門	フソバクテリウム属

1　脳になりそこねた器官

脳-腸-細菌軸の発見

腸と書いて「はらわた」と読む。「はらわたがちぎれる」は耐えられないほどの悲しみにうちひしがれた様子だし、「はらわたが腐った」といえば、性根の曲がった、精神の堕落したという意味だ。そんな人物には「はらわたが煮え(くり)返る」が、その悪だくみも「はらわたが見え透いて」露見してしまう。

腸や胃のあたりを表す「腑(ふ)」にも「腑に落ちない」、「腑が抜ける」といった表現がある。さらに胃腸が収まっている部分である腹にも「腹を立てる」、「腹を探る」、「腹をくくる」、「腹が大きい」、「腹が黒い」、「腹が煮える」など、感情や思考を表す慣用句は数多い。

英語でも、「度胸がある」は“gut(腸)”を使って“with plenty of guts”といい、逆に“no guts”といえば「根性なし」、“gut feeling”は「直感、第六感」のことだ。中国語の「腸」や「腹」、ドイツ語の“Eingeweide(内臓、はらわた)”、フランス語の“ventre(腹、腸)”

にも、「心情、心中」という意味がある。

現代でこそ、からだの司令塔は脳であると私たちは理解しているが、感情や思考が腸を含む内臓にあると考えていた時代や地域は世界中にあったのである。それは人体のしくみを知らないころの、非科学的な見方から生まれた表現なのだろうか。

食物は口に入り咀嚼(そしゃく)されて、咽頭、食道を通って胃に送られ、強い酸性の胃液とともに攪拌(かくはん)されたのち十二指腸へと出ていく。十二指腸では膵液中のアミラーゼがデンプンを、トリプシンやキモトリプシンがタンパク質を、リパーゼが胆汁によって乳化された脂肪を、それぞれ分解する。これらの食物は次に小腸(空腸・回腸)に移動すると、腸液や粘膜上皮(腸管表面を覆(おお)う細胞層、図1-2参照)の消化酵素によってアミノ酸やグルコース(ブドウ糖)などにまで細かくなり、栄養分として吸収される。残りは大腸に入って盲腸、結腸、直腸と移動する間に水分が少しずつ吸収されて、最後に未消化の残滓(ざんし)が大便として肛門から排出される。

この人間のからだの中を貫く、巧妙なしくみを備えた軟らかい中空の管が消化管であり、私たちは食物の消化吸収器官として認識している。

伝統的な解剖学では、もちろんそれは間違いではないのだが、加えて、消化管、とくに腸は他の多くの、人体にとってきわめて重要な機能も合わせもつことが次第に明らかになってきた。確かに脳と腸は神経や内分泌系を通じてつながっているが、腸が脳の指令を一方的に受けているわけではなく、逆に感情や思考が腸の影響を受けている、いや腸に発しているのではないかと思われるような、驚くべき研究成果が近年競うように発表されている。つまり脳と腸の関係は双方向なのだ。これを脳‐腸軸とか脳‐腸連関と呼ぶ。

それだけではない。実はそこに腸内に生息する細菌＝腸内細菌が絡んでいるらしいのである。いや絡むどころではなくきわめて重要な役割を担っているようなのだ。それで最近では、脳‐腸‐細菌軸あるいは脳‐腸‐細菌連関とも呼ばれるようになったのである。

感染症や癌(がん)、肥満、メタボリック・シンドロームや2型糖尿病のような代謝性疾患、アレルギー・自己免疫疾患、いわゆる心身症や精神・神経疾患、さらには気分や行動、食欲、飲酒や喫煙、睡眠など、およそありとあらゆる私たちの病気や情動や生活習慣に、この脳‐腸‐細菌軸が関わっている可能性が取りざたされている。具体例は次章からひとつひとつ見ていこう。

実のところ腸内には多種多様な微生物やウイルスが生息している。これは腸内微生物叢(そう)と呼ばれ、その中には酵母やカンジダ菌などの単細胞性真菌類（カビの仲間）や原生生物、時には線虫や条虫(じょう)のような多細胞動物もいるが、種数においても重量においてもそのほとんどは細菌（バクテリア）で、本書ではこれを「腸内細菌叢」と呼ぶことにする。最近よく目にする「腸内フローラ」もこれとほぼ同義だ。

私たちひとりひとりの腸内には、種類にして１０００以上、数にして１００兆～１０００兆個もの細菌が生息していると推測されている。人間の全細胞数は約37兆個とされているので、その3～30倍もの数の細菌を腸内に住まわせていることになる。その重量は1～2kgにも及び、水分を除く大便の重さの約半分を腸内細菌(とその死骸)が占めるのだ。つまり大便は単なる食物の残滓ではなく、細菌の塊でもある。毎日それだけ排出しても、細菌はあっという間に分裂し増殖する。

それにしても、私たちとはまったくの異生物である細菌が、いったいなぜ、どのようにして私たちの腸内に住み着き、脳-腸軸に深く関わり、その生理機構やさらには感情や精神にまで関与しているというのだろうか。

その話に入る前に、腸とはどのような器官で、腸と脳にはどのような関係＝つながりがあるのかをおさらいしておこう。

腸は第2の脳(セカンド・ブレイン)？

人間の小腸と大腸の長さは合わせると7・5～9mもある。この長い腸が、重なり合ったり交叉したりしないようにうまく折りたたまれ、腹腔内に収まっている。伸ばして広げた表面積は250～300m²と従来の解剖学の教科書には書かれていたが、最近スウェーデン・ヨーテボリ大学の研究者たちが詳細に検討した結果、生体では平均32m²ほどだと発表した。それまでは死体から取り出した腸管を測っていたのだが、腸管は筋肉で囲まれているので、死体では筋肉が弛緩して広がってしまうのである。だいぶ狭くはなったが、それでも畳20畳ほどに相当する。驚くべきはこれだけの長さと面積をもつ器官の動きである。

口から肛門へ食物を運びつつ消化・吸収する機構は、消化管（ここでは食道・胃・十二指腸・小腸・大腸。厳密には口腔・咽頭・肛門を含む）の分節運動、振り子運動、蠕動運動によって精妙にコントロールされている。分節運動では間隔をおいて消化管が収縮・弛緩を繰り返し食物と消化液を混ぜ合わせる。振り子運動では長軸（口から肛門）方向に伸び縮みして、攪拌と移送を行う。一方、蠕動運動は食物が消化管壁を刺激すると、口に近い側が収縮し、連動して肛門側は弛緩する運動で、この収縮と弛緩は少しずつ肛門側に伝わっていき、それに伴って食物は決して後戻りすることなく先へ先へと移送されていく（図1-1）。これは発見者の名を取って「ベイリス-スターリングの腸の法則」と呼ばれている。

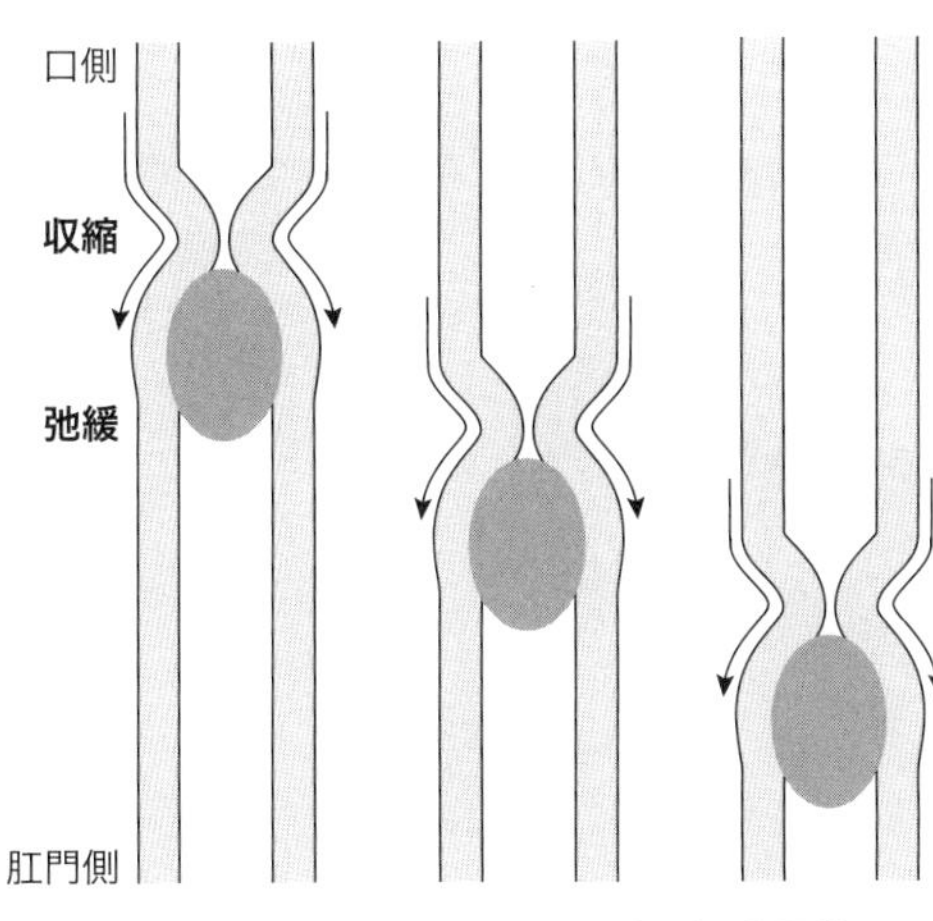

図1-1　食物を送る「腸の法則」（蠕動運動）

腸は内側（管腔側）から粘膜、粘膜下層、筋層、漿膜という4層構造になっている（図1-2）。腸粘膜の表面は絨毛構造となって表面積が増大しており、粘液（粘膜上皮にある杯細胞が分泌す

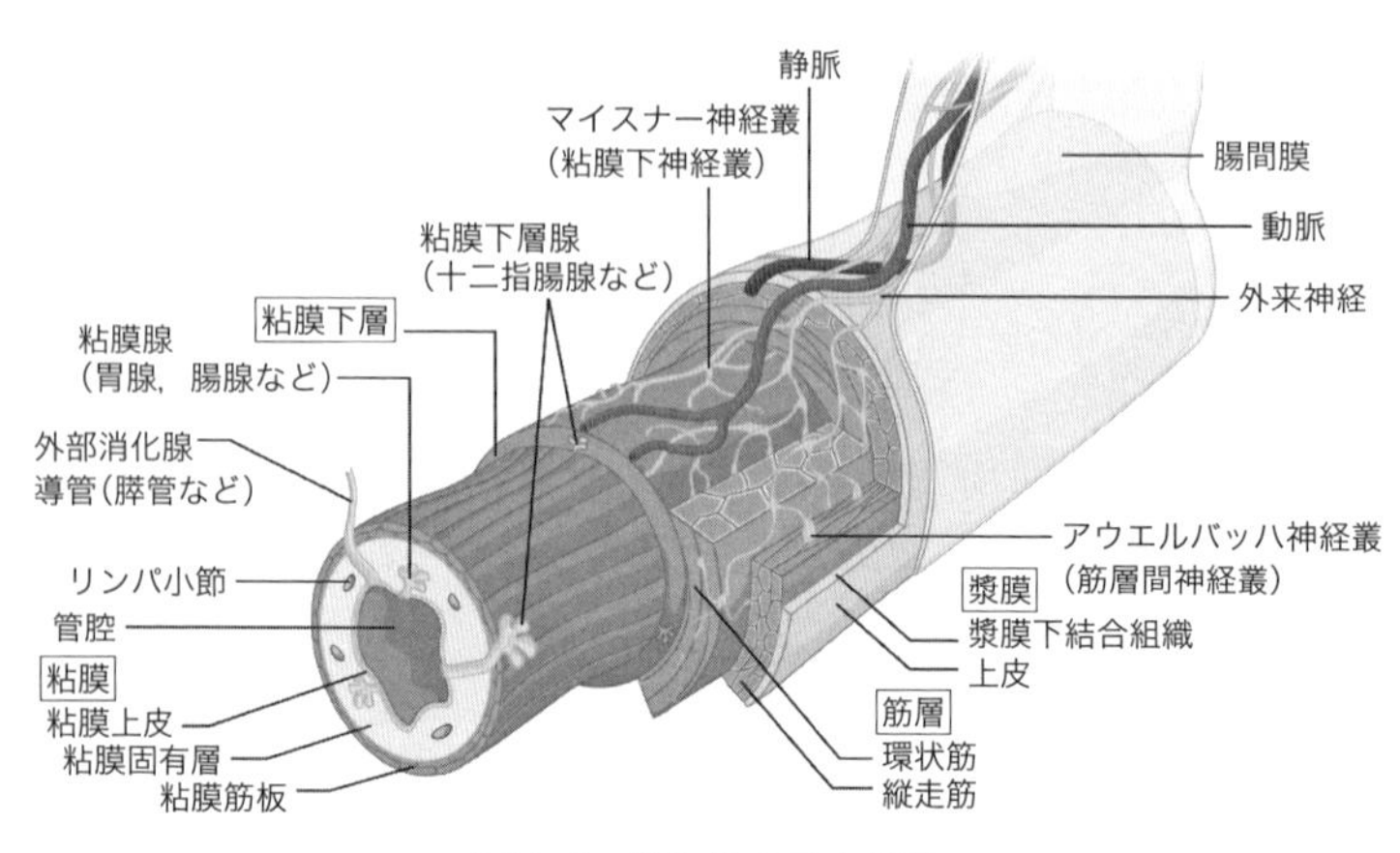

図 1-2　消化管の基本構造

(原典：Creative Commons，Author: Goran Tek-en，2014 に一部加筆)

るムチンが主成分)に保護されている。粘膜の外側を包むように粘膜筋板があり、粘膜下層に接している。粘膜下層には神経細胞が網目状につながり合ったマイスナー神経叢(粘膜下神経叢)がある。さらにその外側にある筋層は内側の環状筋、外側の縦走筋に分かれており、いずれも平滑筋である。この環状筋と縦走筋の間にも網目状の神経細胞があって、こちらはアウエルバッハ神経叢(筋層間神経叢)と呼ばれている。

蠕動運動は環状筋と縦走筋が連携して行われるが、アウエルバッハ神経叢はその動きをつかさどる重要な神経で、食道から直腸の先端にある内肛門括約筋まで分布している。

一方、マイスナー神経叢は主に小腸から大腸に分布し、粘膜からの分泌や吸収をつかさどるとともに、アウエルバッハ神経叢に腸管の情報を伝える役目を担う。この2つを合わせて腸管

表 1-1　消化管(腸)に存在する神経の分類

自律神経系	外来神経系	遠心性神経	脳から消化管に脳の指令を伝える	交感神経	消化管運動を抑制する(闘争・逃走反応). 消化管では交感性大内臓神経・同小内臓神経・同下腹神経
				副交感神経	消化管運動を亢進させる(休息・消化反応). 副交感性迷走神経・骨盤神経・仙骨神経
		求心性神経	消化管の情報(感覚)を脳に伝達する	求心性迷走神経	延髄の弧束核を経由して消化管の情報(感覚)を脳に伝達. 迷走神経の90%は求心性
				求心性大内臓神経・小内臓神経・骨盤神経	
	内在神経系			腸管神経系とも呼ばれ，マイスナー神経叢(粘膜下神経叢)とアウエルバッハ神経叢(筋層間神経叢)からなる. 消化管の神経の大部分を占め，消化管運動を支配. 独自の感覚神経・運動神経をもち，中枢神経と切り離されても独立して働くことが可能	

神経系と呼ぶ。これらは消化管内部に存在しているため、内在神経系とも呼ばれる。

これに対して消化管と脳の連絡経路は外来神経系と呼ばれ、大別して遠心性神経と求心性神経の2つがある。遠心性神経では、脊髄から延びて消化管に達する交感神経と副交感神経が、脳(中枢)からの指令を伝えそれぞれ消化管運動を抑制したり、亢進させたりする(第2章参照)。求心性神経は、消化管(末梢)の情報(感覚)を中枢神経に伝える神経である(表1-1)。

目や耳、皮膚などの感覚(五感)は感覚神経を通じて脳に伝えられ、脳からの指令が運動神経を通じて骨格筋に伝えられ、からだを動かす。これらを体性神経系と呼ぶのに対して、本人の意思でコントロールすることができない消化管の蠕動運動や腺分泌などの働きは、中枢神経とつながる交感神経・副交感神経（外来神経系）と、内在神経系である腸管神経系の調節によって自律的にコントロールされる自律神経系である。しかも、腸に存在する神経細胞のほとんどは独自の感覚神経と運動神経をもつ内在神経系で、もし外来神経系が切断され脳や脊髄との連絡を失っても、腸はその機能を果たすことができる。

腸管神経系の神経細胞数は胃や食道なども含めると数億個といわれ、千数百億個もある脳には遠く及ばないが、脊髄の神経細胞数に匹敵するか、それをしのぐ数である。しかも中枢神経系から独立して働くことが可能なのだ。それゆえに、アメリカ・コロンビア大学の神経科学者マイケル・D・ガーション博士*は、腸管神経系を「第2の脳（セカンド・ブレイン）」と呼んだのである。

*病理学者・細胞生物学者。医学博士。『The Second Brain』（1999年）（邦訳『セカンドブレイン　腸にも脳がある！』小学館、2000年）で、中枢神経系と腸管神経系の自律性との関係、さらに消化管疾患・障害との関係を指摘した。

わかってきた脳-腸軸

脳内物質（脳内で機能する神経伝達物質）の1つセロトニン（5-HT）は、脳内では主に脳幹部の縫線核に存在するセロトニン神経でつくられる。摂食行動の抑制、性行動の促進、覚醒などの作用をもち、心身の安定を保ち幸福感や満足感をもたらす働きがあるところから「幸せホルモン」とも呼ばれている。逆に脳内セロトニンが不足すると心身のバランスが崩れ、不眠症やうつ病を引き起こす。

一方で、セロトニンは腸管神経系における主要な神経伝達物質でもある。セロトニンをはじめ、アセチルコリン、ノルアドレナリン、アデノシン三リン酸（ATP）、γ（ガンマ）-アミノ酪酸（GABA（ギャバ））、カルシトニン遺伝子関連ペプチド（CGRP）などの各種神経ペプチド類、一酸化炭素（NO）など、脳内に存在する神経伝達物質のほとんどが腸にも存在していて、その動きの制御に関わっているのだ。とくにセロトニンは腸の蠕動運動を支配しており、腸内セロトニンの過剰分泌は下痢を、不足は便秘をもたらす。

実のところ体内のセロトニンの95%は腸管にあって、脳内にはわずか1%しか存在しないという。もっともセロトニン自体は血液脳関門（脳細動脈と脳との間で選択的に物質をやりとりする機能的構造、第3章、第5章参照）を通過することができないため、腸でつくられたセロトニンがそのまま脳に運ばれて作用することはない。脳内でセロトニンは前駆物質であるトリプトファン（必須アミノ酸の1つ）から、5-ヒドロキシトリプトファンを経てつくられる（図2-1参照）。

うつ病などの精神疾患患者では、しばしば便秘や下痢などの腸の不調が見られるが、腸内セロトニンがうつ病の発症に直接関与しているわけではないと考えられている。ただ脳-腸軸を通じて、腸の不調や腸内細菌叢の変調が脳のセロトニン神経に影響を与えている可能性が指摘されている。これは第2章で詳しく述べる。

進行性の神経変性疾患であるパーキンソン病の発症には、脳内物質の1つであるドーパミンの減少が関わっているとされる。パーキンソン病患者には高頻度で便秘症状が見られ、逆に便秘をすると中枢神経におけるドーパミン放出量が減少するという報告もある。消化管の異常が迷走神経を通じてパーキンソン病の発症に関わっている可能性を強く疑わせる研究報告もある。

自閉症(自閉症スペクトラム障害：ASD)患者にも炎症性大腸炎や慢性の下痢の症状が高い比率で見られることが知られている。このように、脳に発していると考えられている疾患に、腸が関わっている可能性があることを、さまざまな研究が示している。

このあたりも後章で詳しく触れることとして、まずは腸のはじまりを物語ろう。

まず腸があった

多細胞生物の中でもっとも原始的な海綿動物は、岩などに固着して表面の小さな穴から海水を内腔に取り込み、プランクトンや有機物をとらえて消化する生きものである。多細胞ではあるが、はっきりとした組織や器官の分化が見られない単純な体制をもつ(図1-3)。

器官と呼べるものを初めてもった多細胞動物はクラゲやイソギンチャク、ヒドラなどの仲間である刺胞(しほう)動物だ。刺胞動物には原始的な消化管である袋状の胃体腔があって、その開口部は食物の取り込みと排泄の両方を担う。つまり口と肛門が同じなのである。

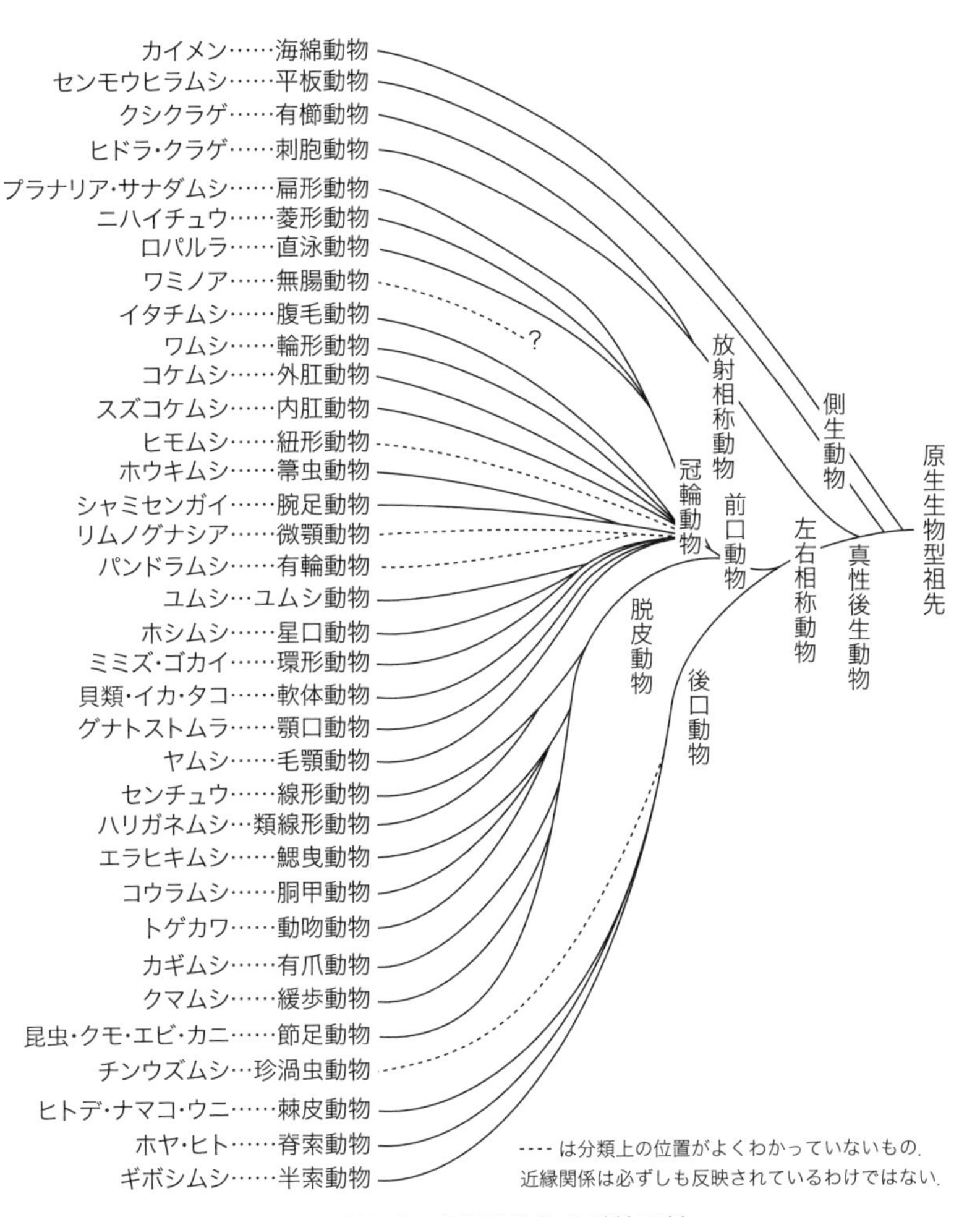

図 1-3　多細胞動物の系統関係

原始的ながら消化管と神経系をもつのは有櫛動物と刺胞動物から.

海綿動物と平板動物(移動能力はあるが、やはり組織・器官の分化は見られず単純な体制で「多細胞のアメーバ」のイメージ。センモウヒラムシ1種しか確認されていない)には神経系はなく、神経系をもつようになるのは刺胞動物と、かつて刺胞動物と合わせて腔腸(こうちょう)動物に分類されていた有櫛(ゆうしつ)動物からである。

刺胞動物は消化管に触手と生殖細胞が付属したような体制である。細胞は外胚葉と内胚葉が1層ずつ、その間(中膠(ちゅうこう))に神経細胞が分布していて、相互に神経線維で結びつき網目状の神経網(散在神経系)を形成している(図1-4)。これを輪切りにしてみると、確かに単純ではあるが、その構造は腸に似て見える。

刺胞動物の神経細胞は感覚細胞と神経節細胞に大別され、外部刺激を感知して運動を自律的に制御する。取り込まれた食物や消化された栄養分を収縮や伸張によって胃体腔内に行き渡らせたり、排泄物を送り出したりする。もちろんこの動きは神経網によって支配されている。こうした動きも私たちの消化管の消化・排泄運動とよく似ているのだ。

神経科学を専門とする福岡女子大学名誉教授の小泉修博士は、「発達程度は低いとしても刺胞動物の散在神経系は神経系の要素のすべてをもち合わせている」と指摘している。ヒドラの胃体腔開口部の周囲には、神経環と呼ばれる神経細胞の集中が見られ、これは中枢神経の萌芽とも考えられるという。神経細胞内部では電気的に、神経細胞間は神経伝達物質により情報伝達が行われるというしくみも、高等動物と同じである(ヒドラの場合は神経伝達物質としてペプチドが働いているという）。高等動物の腸管神経系と相同とみなすことができる神経系は、刺胞動物だけでなく、系統を超え動物界に共通している。

食物を取り込み消化し、栄養分を吸収し、残滓を排泄するという一連のメカニズムには、それぞれの筋肉細胞の協調を必要とし、その動きを制御するシステムが必要になる。それは刺胞動物でもミミズでも、ヒトデでも、昆虫でも、人間の消化管でも、同様である。

つまり、神経系の進化は消化管とともに始まった。多細胞動物の基本はエネルギーを体内に取り込む腸（消化管）であって、さらにさまざまな組織・器官がつくられ複雑化していって、それらの制御のために中枢神経系が形成されたとき、その制御のための神経伝達のしくみも、伝達にあずかる分子も、原初の神経系である消化管神経系がそのモデルとなったであろうことは想像に難くない。いってみれば、脳は腸管神経系を真似てつくられたのである。腸は第2の脳＝セカンド・ブレインではなく、むしろ最初の脳＝ファースト・ブレインであったのだ。

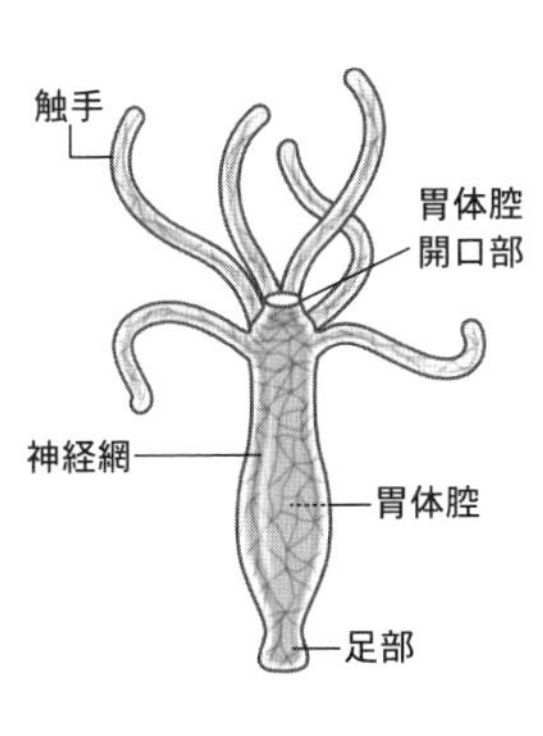

図1-4　刺胞動物（ヒドラ）の体制模式図と神経網

触手と円筒形の体幹部，足部からなり，触手の中心に胃体腔開口部がある．

脳が大きくなれば腸は小さくなる？

体重を減らすために、ジョギングや水泳

をしたり、食事を制限したりと、大変な苦労をする人も多い。1日のエネルギー総消費量は主に基礎代謝量と身体活動に伴うエネルギー消費量の合計となる。大人になると成長にエネルギーを必要としないので、使う以上にエネルギーを摂取すれば、その分は脂肪として蓄えられる。基礎代謝量は年齢とともに低下していき、厚生労働省の基準値では50代以上の男性では体重1kgあたり21・5kcal／日（女性では20・7kcal／日）。体重65kgの男性なら1400kcalである。20代のころと同じように飲み食いしていると、筋肉量の低下に伴う基礎代謝量の減少も相まってどうしても太りやすくなる。

人間の基礎代謝量のうち肝臓の占める割合は27％ほどもあり、もっとも大きい。次が脳で約20〜25％、筋肉が18％、腎臓が10％、心臓が7％、消化管などの臓器・器官が19％という内訳だそうだ。栄養分の代謝、消化液の生成、解毒など幅広い機能をもつ肝臓や、からだを支え動かす筋肉はともかく、脳のエネルギー消費量が大きいことに驚く。確かに私たち人間は大きく発達した脳をもってはいるが、その体積・重量は成人のからだ全体の2％程度しかない。脳がいかにエネルギー食いであるかわかろうというものだ。

猿人から原人へ、さらに現代人へと、人類が進化するのに合わせて相対的な脳容量は増してきた。脳の発達は当然ながらエネルギー消費の増大をもたらす。使えるエネルギー資源（食物）が限られているとすれば、脳の発達に伴い増える分をどこかで減らす必要がある。

脳はいわば「贅沢（ぜいたく）な臓器」であり、人間は脳を大きくする一方、他の臓器や器官のエネルギー消費を減らす方向に進化してきたという「贅沢な臓器仮説」は、古人類学者レスリー・C・アイエロ博士らによって1995年に提唱された。アイエロ博士らは、人間と他の霊長類の脳や各種臓器を比較して、人間の脳は本来期待される重さよりもずっと重く、その分、消化管(とくに腸)が軽くなっていること、また霊長類の脳と消化管の相対的な重さには負の相関が見られることを示した。

端的にいえば人類は重い大きな脳を獲得した代わりに、腸は小さくなった、というのである。

生物の進化の上では、消化管が先にあって脳は後からできた。さまざまな器官が生まれて、それらを調節する脳が発達し、より効率よく食物を得、栄養分を吸収できるようになった。つまり脳が発達することは、結果的に消化管の機能を助けることになる。さらに人類の時代を迎えると、猿人や原人は、集団で狩りをしてより栄養価の高い肉を手に入れ、石器や火を使うことを覚えた。固い肉や難消化性の植物を細かく砕き、すりつぶし、加熱することで、食物はより消化しやすくなった。その分、消化管はエネルギーを使わずにすんでいるのだ。つまり脳の発達は、消化管を小さくする方向に作用するともいえるのである。

究極は純度の高いショ糖(スクロース)で構成される精製糖や、デンプンからつくられる異性化糖(成分はブドウ糖や果糖で甘味料として使われる)であろう。これにアミノ酸やビタミンなどのサプリメントを併用すれば、消化管の機能の一部は必要なくなってしまいそうだ。しかし、消化にあまりエネルギーを必要としない食物は、かえって私たちのからだに問題を引き起こすおそれがある。これものちの章で詳述したい。

地球はバクテリアの星

さて、ここで生物の進化の道筋をさらに遡ってみる。46億年前に誕生した原始地球がようやく冷え始め、海ができ、約40億年前にその海中で自己複製能力をもつ原始生命が生まれた。この原始生命から原核生物が生じ、さらに遅くとも20億年前に、原核生物同士の共生によって真核生物が生まれたと考えられている。

形態やサイズや体制の複雑さは異なっても、地球上のあらゆる生命は同じしくみでその生命活動を成り立たせ、細胞を複製し、次世代を生み出している。生物の設計図である遺伝情報は4種類の塩基の組み合わせとして核DNAに組み込まれ、複製される。この核DNAからメッセンジャーRNA（mRNA）に転写された情報は細胞質内の遺伝情報翻訳機であるリボソームに運ばれ、そこでトランスファーRNA（tRNA）によって運ばれたアミノ酸が、mRNAの3つの塩基の配列に対応して結合し、ペプチドをつくる。さらにそのペプチドから多種多様なポリペプチドやタンパク質が合成され、生体を構成し、またその維持にとって必要な機能を果たす。この遺伝子情報の一方向への流れを、DNAの二重らせん構造を発見したフランシス・クリックは「セントラルドグマ」と名づけた。

セントラルドグマは単細胞の原核生物から複雑な体制をもつ植物や動物に至るまで、地球上に生きるすべての生命に共通する原理である。タンパク質を構成する20種類のアミノ酸も共通する。エネルギーの伝達・貯蔵にATPを使うのも同じである。このようなことから現在の地球上の生命は、遡ればただ1つの祖先型生命＝共通祖先にたどり着くと考えられている。逆にいえば、その共通祖先から長い長い進化の道筋を経て生命は多様化し、私たちがいまいる世界へと発展したのである。

地球上の生物種は、大きく3つのドメインに分かれるとされている。すなわち、核膜をもたない原核生物である細菌とアーケア（古細菌）、そして私たち人間を含む真核生物である。生命が誕生したころには地球の大気中にも水中にも酸素がほとんどなかったため、その時代に生きていた原核生物は嫌気呼吸または発酵によって周辺の有機物などから活動エネルギーを得ていた。

現生種でも細菌やアーケアには嫌気性のものが多い。嫌気性細菌には酸素がない条件では嫌気性呼吸や発酵で、酸素があれば呼吸によって有機物から活動エネルギーを取り出す通性嫌気性細菌と、酸素のない条件でしか生きられない偏性嫌気性細菌（絶対嫌気性細菌）がある。大腸菌は通性、乳酸菌やビフィズス菌、クロストリディウム属の細菌などは偏性嫌気性である。これらの細菌はこのあとたびたび出てくるので、気にとめておいてほしい。なお、目次裏に主な腸内細菌についてまとめた。

アーケアと細菌が分かれたのちに、アーケアの内部に共生した（あるいは取り込まれた）酸素呼吸を行う細菌がミトコンドリアとなって真核生物が誕生した、という説が現在では広く支持されている。ミトコンドリアのおかげで、真核生物は原核生物より格段に効率よく有機物をエネルギーに変えることができる。さらに真核生物に酸素発生型光合成を行うシアノバクテリア（藍藻）が共生することで高等植物の系統につながる真核藻類が誕生した。やがて真核生物から多細胞生物が生まれ、生物はいよいよ複雑化、大型化していくのである。

アメリカ・カリフォルニア大学バークレー校のジリアン・F・バンフィールド教授らの研究グループは、既存のゲノムデータベースに加え、日本の地下廃鉱山、チリ・アタカマ砂漠の高塩分の土、アメリカ・イエローストーンの高温間欠泉、イルカの口腔などさまざまな環境から独自に探索した1000種以上の生物のゲノム情報を、スーパーコンピュータを使って整理した。その結果に基づいて、それらの分類群を新たな「系統樹」として描いた（図1-5）。

すると多様性がもっとも大きいのは細菌であり、門レベルで全体の3分の2を占めると予想された。これまで知られていなかった系統群や未分類の系統群も数多く見つかり、細菌の系統樹はさらに枝が広がると考えられている。そもそも特殊な環境に生息したり他生物と共生したりする細菌やアーケア（主に偏性嫌気性）は実験室で培養できないものが多いため、なかなか種を特定することができなかったのだ。メタゲノミクスという研究分野の発展とそれ

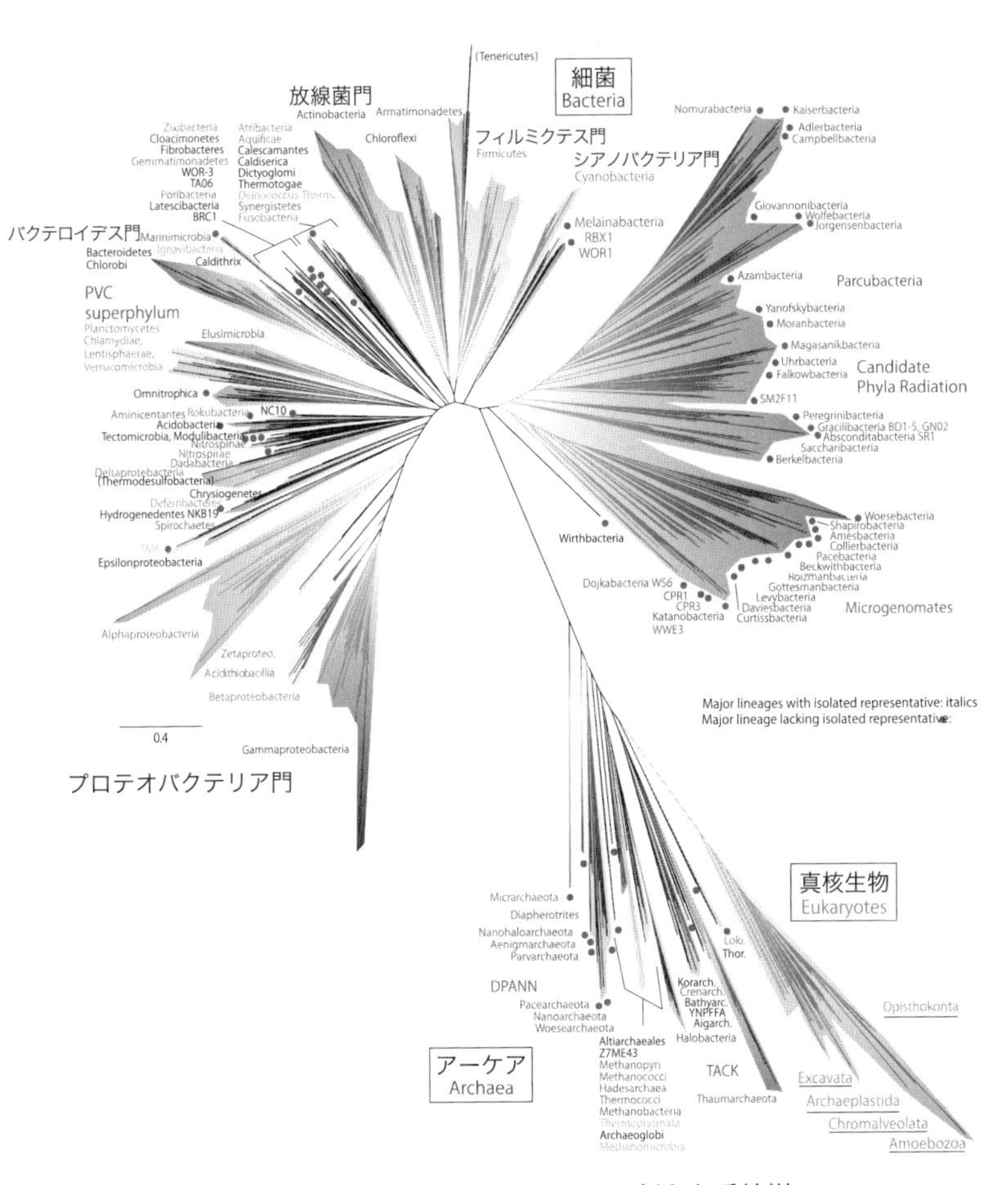

図 1-5　生物界の 3 ドメインの新たな系統樹

□が 3 ドメイン．右下に伸びる枝がアーケアと真核生物で，うち下線をつけた右側 5 系統（上から，オピストコンタ，エクスカバータ，アーケプラスチダ，クロムアルベオラータ，アメーボゾア）のみが真核生物．

（出典：L. A. Hug et al.: *Nature Microbiology*, 1(5), 2016）

を支えるDNAシークエンシング(塩基配列決定)技術の進歩で、土壌や水などに含まれるDNAを調べれば、種の探索ができるようになったおかげである(メタゲノミクスやDNAシークエンシングについては、第6章で詳しく触れる)。

国際原生生物学会による2012年の分類体系では、真核生物はオピストコンタ、エクスカバータ、アーケプラスチダ、クロムアルベオラータ(またはSAR)、アメーボゾアの5つのスーパーグループに分けられている。ところが、原核生物を含む生物種全体から見ると、それらの間の違いはわずかでしかない。アメーバやマラリア原虫のような原生生物も、海藻や陸上植物も、酵母やキノコも、私たち人間を含む動物も生物界全体で見ればほんの小さなまとまりの中にあるのだ。こんな狭い世界の中のさらにほんの一部が、私たちに見えている「多様な生きものの世界(生物多様性)」だったりする。

これに対して、地球上のバイオマス(生物量)の99・9%は原核生物によって占められているという研究もある。その多くは細菌だ。生物多様性の主体は私たちの目に見えないところにこそある。生命の星地球とは、実は細菌=バクテリアの星なのである。

考えてみるとこれは当然のことだ。細菌(の祖先)は真核生物より20億年も古くから存在し、適応放散してきたのだから。

進化の伴走者

先述のように、細菌(の祖先)はミトコンドリアや葉緑体として細胞内共生し、真核生物の誕生と進化に深く関わった。多細胞化した真核生物もまた例外ではない。多細胞動物の中でもっとも原始的な海綿動物の体内にも数多くの微生物が共生していることが知られていて、種によっては体積の半分近くがそうした共生微生物、とくに細菌だという。海綿動物からはさまざまな生物活性物質(生体に作用し生物反応を起こす化学物質)が見つかっており抗癌剤など医薬品への応用も期待されているが、その多くは共生する細菌がつくり出したものなのだ。

もちろん刺胞動物の胃体腔にも無数の細菌が共生している。ドイツ・キール大学の動物学者トーマス・ボッシュ博士は、細菌との共生が刺胞動物における免疫システムの進化に寄与してきたと考えている。だとするとそれは、私たちのもつ免疫システムにも結びついていると考えるのが妥当ではないだろうか。

ともあれ、動物が消化管(腸)をもつようになった当初から、そこに居着いた細菌との共生は途切れることなく続いてきたのであり、腸内細菌は動物の進化の道筋につねに寄り添っていた伴走者だといっていい。

かくして、私たちの目に入らないだけで細菌は地球上のありとあらゆるところに生息しており、私たちの腸にも1000種類、100兆〜1000兆個もが住んでいるというわけだ。単純に比較はできないが、日本列島全体に分布する動植物の種数が約10万種であることを考えると、単細胞の微細な原核生物であるとはいえ、1人の人間の腸の中にこれだけの多様な種が存在するのはまったく驚きである。私たちはまさに1つの生態系をひとりひとりの腸内に宿しているのである。

次章からは、脳-腸-細菌軸を通じた、私たちのからだと心と腸内細菌との関係を最新の研究成果をひもときながら紹介していくことにしよう。

2 ストレスと腸とセロトニン

ストレスとは何か

ストレス。この言葉を見たり聞いたりしない日はない。つね日ごろ私たちは何気なくこの言葉を使う。野生動物にとっては、暑さや寒さ、化学物質、捕食動物からの襲撃、仲間同士のいさかい、ケガや病気による痛み、空腹など生存に関わる問題であり、現代人には職場や学校での人間関係、過剰な仕事の負担、社会的な軋轢(あつれき)や抑圧、紛争や戦争、あるいは近しい人との離別などもその原因となる。からだはそうしたストレスから身を守ろうとして反応する。

生物学や生理学の分野でストレスという言葉を初めて使ったのは、アメリカの生理学者ウォルター・B・キャノン(1871〜1945)である。1900年以来、ハーバード大学で学究生活を送っていたキャノンは、ある時、強く驚いたり怯(おび)えたりした動物の消化管の機能に生理的な変化が起こることに気づいた。これをきっかけに研究を進めたキャノンは、動物が天敵と遭遇した場合のように強い緊張状態におかれると、自律神経系の交感神経と副腎髄質から分泌されるアドレナリンの作用でその動物のからだにさまざまな反応（急性ストレス反応）が引き起こされることを見出し、1915年に発表した。キャノンはこれを「闘争・逃走（ファイト・オア・フライト）反応」と名づけた。

闘争・逃走反応では、心拍数や血圧、血糖値の上昇、骨格筋の血管の拡張、肺機能の向上、瞳孔の散大、痛覚の麻痺、消化管の動きの抑制などが起こる。いわばからだが臨戦態勢になり、緊急事態に対処（つまり、戦うか、あるいは逃げるか）しようと身構えるわけだ。

一方、アメリカで学び、カナダで学究生活を送ったハンガリー出身のハンス・セリエ（1907〜1982）は、当初未知の内分泌物質（ホルモン）を探索する研究に従事していたが、その過程でホルモンを含むと考えられる卵巣や胎盤の抽出液をラットの体内に注射すると、共通して副腎皮質の肥大、リンパ組織の萎縮、胃腸壁の潰瘍（かいよう）の3つの症状が現れることに気がついた。しかも、この症状は毒物を注射したり、高温や低温にさらしたり、束縛して自由を奪ったりしたときにも起こるのだった。

セリエは、この症状は注入したホルモンによるものではなく、動物は外部から何らかの有害作用が加えられると、その原因によらず同じような反応（非特異的反応）を引き起こすのだと考え、外的環境からの有害作用によって引き起こされる生体内のひずみ（反応）をストレス、それをもたらす外的有害作用をストレッサーと呼んだ。

ただこの使い分けは一般には普及しなかった。今日私たちが「ストレス」という言葉を使うとき、「ストレスが溜まる」といえば、セリエの定義したストレスの意味に近く、「ストレスを受ける」といえばセリエのいう「ストレッサー」を指す。

ここでは彼のストレス説を詳細に紹介する紙幅はないが、ともあれ、セリエはストレッサーによってもたらされる3つのストレス反応（症状）を、視床下部を介した脳下垂体前葉-副腎内分泌系経路（副腎皮質肥大・リンパ組織萎縮）と自律神経系経路（胃腸潰瘍）によって説明した。さらにこれらのストレス反応はずっと続くのではなく、ストレス（ストレッサー）を受け続けているマウスは、数日後にはストレス反応から回復していくことがわかった（ただしストレスが大きすぎると短時間で死んでしまう）。つまりある程度の期間を経て、動物はストレスに対する抵抗力をもつようになるのである。しかし、なおもストレスを受け続けるとマウスは突然死んでしまう。見かけ上抵抗力を獲得しても、ストレスに抗するには大きなエネルギーを必要とし、ストレスが続くと哀れ力尽きてしまうのである。

ストレスと病気

ともかくも、自然界にも人間社会にもストレスは溢れている。自然界では、天敵に遭遇した草食動物は辛くも逃げおおせるか、意を決して反撃し撃退するか、あるいは哀れ仕留められるか、いずれにしても短時間で決着がつく。首尾よく危機を脱することができれば、今度は副交感神経の働きで、高ぶったからだは次第に落ち着いていく。こちらは「休息・消化（レスト・アンド・ダイジェスト）反応」と呼ぶ。

しかし、現代人間社会では直ちに生存に関わるほどの緊急事態に遭遇することはめったになくとも、緊張を強いられる場面はむしろ増えている。しかもそれは休みなく続くことも多い。もし嫌味な上司や小意地の悪い取引先の担当者から逃げ出したり、あるいはそういった相手に反撃したりすれば、人間関係を損なうか下手をすれば仕事を辞めなくてはならない。それはそれで新たな緊張や不安の種になるからやっかいだ。

したがって多くの人は、こうした緊張や不安をじっとこらえて過ごす。四六時中ノルマとプレッシャーに追いかけられ、長時間労働を続ければ、ストレス、セリエのいうストレッサーにさらされ続けることになる。自然界ではまず起こらない状況である。それに対して私たちのからだはどのように反応するのか。

1980年代初め、それまであまり知られていなかった「心身症」という症状が、企業の人事・労務担当者の注目を浴びた。

心身症とは、持続的な精神的ストレスが身体症状として現れる疾患の総称で、不整脈や狭心症、高血圧、胃炎、胃・十二指腸のストレス性潰瘍や過敏性腸症候群、円形脱毛症や痙性斜頸（首が傾いたりねじれたりして動かせなくなる症状。痛みや震えを伴う）などが代表的なものである。これらの症状は薬物療法や食事療法で軽快しても再発を繰り返すため、快癒するには原因となるストレスを取り除く必要がある。

ともあれ、当時そうした症状で苦しむ社員が増え続けていて、企業も対応を迫られていたのである。このころから、うつ病やパニック障害などの心の不調を含めて、現代社会、とくに企業におけるストレスの影響が大きくクローズアップされてきた。

子どものころ、学芸会や音楽会での発表、運動会の競走などの前になるとお腹が痛くなった経験をもつ人もいるだろう。大人になり社会に出ても、緊張を感じると腹痛や下痢あるいは逆に便秘など、消化管に不調をきたす人は少なくない。緊張が自律神経を通じて蠕動(ぜんどう)運動などの消化管の動きを乱すことが原因である。

それがくせになる、つまり慢性化すると過敏性腸症候群（ＩＢＳ）と呼ばれるようになる。毎朝の通勤電車の中で決まって腹痛が起こり、途中下車せざるをえなかったり、会議中や商談中にも急な便意を催したりして、仕事に支障が及んでしまう。文字通り腸が過敏になった状態で、ちょっとした刺激で腹痛、下痢や便秘が始まる。

２０１６年に改訂された国際的な診断基準であるＲＯＭＥⅣは、「過去３か月間にわたって、１週間に１回以上の頻度で腹痛があり、①排便により改善、②排便頻度が変化、③便の性状が変化、のうち２つ以上の症状が見られる場合」をＩＢＳと定義している。また、便の性状により、便秘型、下痢型、混合型、分類不能の４つに区分している。

ＩＢＳの直接の原因はさまざまだが、外からのストレスが脳を刺激し、自律神経やホルモンを通じて消化管に影響を与えるだけでなく、逆に消化管の不調がストレスとなって脳にフィードバックされ、それがまた消化管に影響を与えるという悪循環に陥ってしまった状態だといえる。サルモネラ菌などの細菌感染による急性腸炎をきっかけにＩＢＳを発症するケースも少なくない（感染後ＩＢＳと呼ばれる）。脳と腸の関係は一方向ではなく双方向なのだ。実際、ＩＢＳには不眠や抑うつ、不安を伴うこともあるし、逆に不眠、抑うつ、不安がＩＢＳを引き起こすこともある。

ＩＢＳは男性よりも女性に多く、かつ若い世代（20〜30代）に多い傾向がある。なぜか男性には下痢型が多く、女性の場合は下痢よりも便秘型や混合型が多いようだ。日本では7〜10人に1人、アメリカでは5人に1人がＩＢＳに罹患しているといわれる。完治が難しいため症状をコントロールしていく治療が中心で、薬物療法だけでなく、規則正しい生活や軽い運動を心掛けるなどの行動療法や食事療法などとともに、不安や緊張を取り除いたり、ストレスへの耐性を高めたりする心理療法（簡易精神療法、自律訓練法、認知行動療法、催眠療法などが併用される。

セロトニンと過敏性腸症候群

下痢型ＩＢＳ患者の中に、解熱鎮痛薬のアセトアミノフェン製剤を常用している人がいることが報告されている。アセトアミノフェンにはセロトニンレベルを上昇させる効果があり、それが理由だと考えられている。

「幸せホルモン」として知られる神経伝達物質セロトニン（5-HT）の95%は腸に存在し、腸管神経系を通じて消化管の蠕動運動を支配していることは前章に書いた。腸内セロトニンの分泌が過剰になれば下痢を、不足すれば便秘をもたらす。

細胞内や細胞膜上にあって、細胞外の物質などと特異的に結びつき、シグナルとして細胞に伝えるタンパク質を受容体（レセプター）と呼ぶ。セロトニンなどの神経伝達物質やホルモン、抗原もこの受容体を介して細胞に情報を伝えるのである。セロトニン受容体（5-HT受容体）には、これまで5-HT$_1$受容体〜5-HT$_7$受容体までの7種類と14のサブタイプが知られている。それぞれの受容体はセロトニンと結合すると異なる反応を示す。

下痢型IBSの治療では、セロトニン受容体に結びついてセロトニンの働きを阻害する薬剤（拮抗薬：アンタゴニスト）、便秘型IBSでは、逆にセロトニンと同様の働きをもち受容体を活性化させるタイプの薬剤（作動薬：アゴニスト）が用いられる。

下痢型IBS治療薬に塩酸ラモセトロンがある。塩酸ラモセトロンはセロトニン受容体の1つ5-HT$_3$受容体に結合することで、セロトニンの働きを抑える拮抗薬だ。しかし臨床試験ではどういうわけか男性にしか効果がなく、処方は男性に限定されている。

5-HT$_3$受容体は、痛みや吐き気などの不快感を信号として中枢神経に伝える役目をもっている。塩酸ラモセトロンはもともと抗癌剤の副作用である吐き気を抑える薬として認可されたものだ。それが男性の下痢型ＩＢＳにも効果のあることが認められたのである。これに対して、同じ5-HT$_3$受容体拮抗薬の塩酸アロセトロンは女性限定の下痢型ＩＢＳ治療薬である。

一方5-HT$_4$受容体に対してセロトニンと同じように働く作動薬、マレイン酸テガセロドは、腸の動きを活発にし便秘型ＩＢＳを改善する。こちらもなぜか女性専用だ。

実は、女性のＩＢＳ患者ではエストロゲン（卵胞ホルモン）の分泌が減る月経前から月経期にかけてＩＢＳの症状が悪化する傾向があり、月経困難症や月経前症候群も見られる。逆にエストロゲンやプロゲステロン（黄体ホルモン）の分泌が最大となる妊娠期においては、痛みや痛覚過敏が緩和されるという。一方、エストロゲンの分泌が減少する閉経後（更年期）にはＩＢＳの発症自体が少なくなる。しかし、それ以前に発症していた人では症状が悪化するという報告もある。

このようにＩＢＳに対するエストロゲンの作用は一様ではない。これに対して男性ホルモンであるテストステロンは、ＩＢＳの痛みの緩和や抗炎症作用をもつことが明らかになってきている。性ホルモン自体、中枢神経系、腸管神経系にさまざまな作用を及ぼすことがわかっており、ＩＢＳの発症率や症状、治療薬の効果における男女差にはこうした性ホルモンの影響があるのではないかと考えられている。

セロトニン産生を促進する腸内細菌

セロトニンは、生体内では必須アミノ酸の1つトリプトファンから、トリプトファン水酸化酵素（TPH、腸ではTPH1、脳のセロトニン神経ではTPH2）と芳香族アミノ酸脱炭酸酵素（AADC）の2段階の酵素反応により、5-ヒドロキシトリプトファンを経て合成される（セロトニン経路、図2-1左）。腸管では主に粘膜固有層にある腸クロム親和性細胞（EC細胞）で産生され、管腔や血液中に放出される。ほかに全身の組織にあるマスト細胞（肥満細胞）やアウエルバッハ（筋層間）神経細胞でもつくられる。

血液に入ったセロトニンは、血小板に取り込まれて血管を収縮させたり血小板を凝集させたりする作用をもつ。セロトニンという名前は「血清中の血管収縮物質」が由来なのだ。頭部血管の収縮による偏頭痛、末梢部での炎症に伴う痛覚過敏にも関わり、また骨の形成を調節し、過剰になると骨粗鬆症のリスクが高まることもわかっている。中枢においても末梢においても、神経伝達物質あるいはホルモンとしてさまざまな作用をもつ。

最近、このセロトニンの産生や代謝に腸内細菌が深く関与していることがわかってきた。アメリカ・カリフォルニア大学ロサンゼルス校のエレイン・シャオ博士（論文発表当時はカリフォルニア工科大学）らの研究グループは、無菌マウスでは、通常の腸内細菌叢をもつマウスに比べて腸におけるセロトニンの合成量が60％も低下していたと報告している。

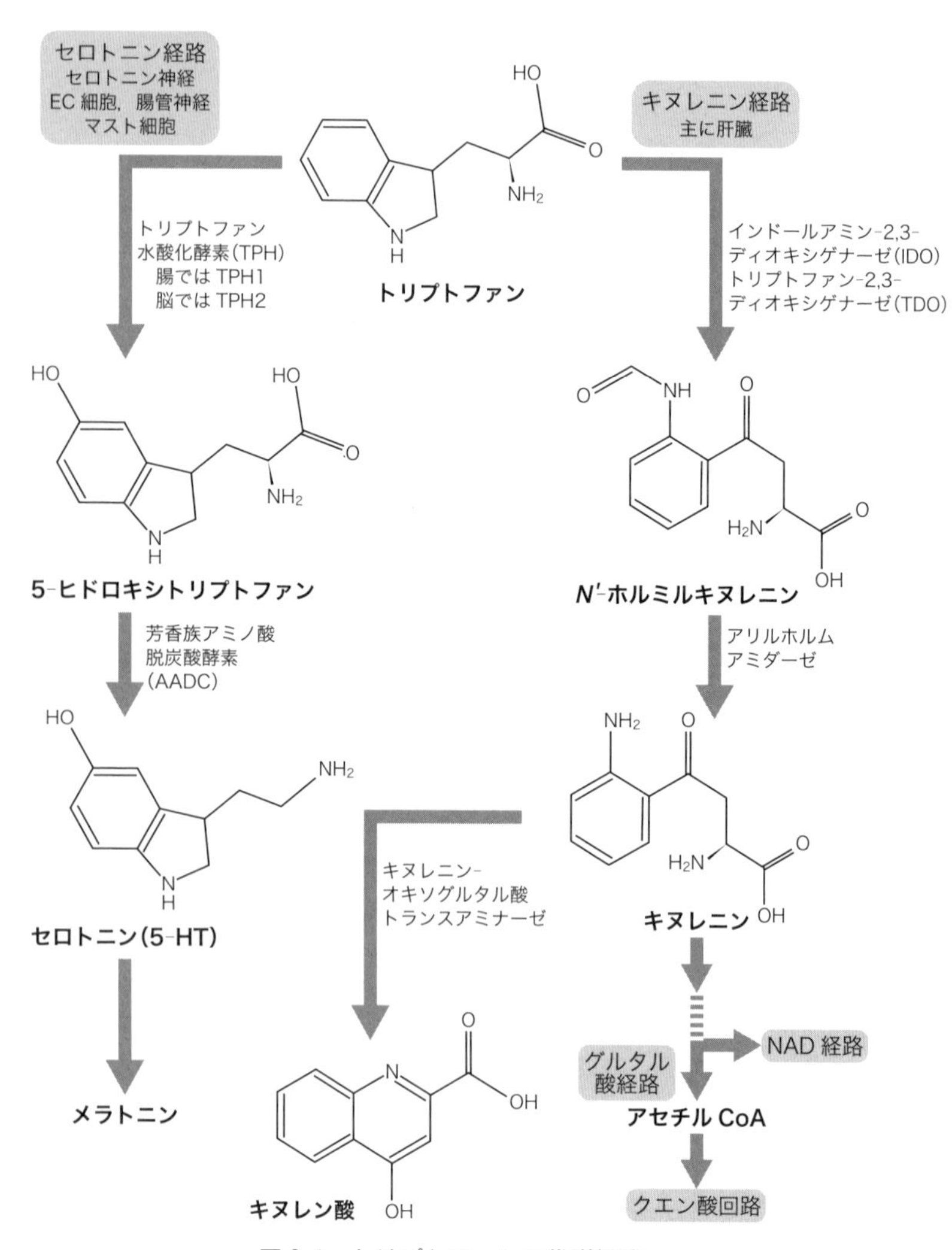

図 2-1　トリプトファンの代謝経路

無菌マウスはこの後もたびたび登場するが、簡単にいうと母マウスの子宮内から帝王切開によって無菌状態のまま取り出され、無菌アイソレーターという飼育容器中で細菌やウイルスなどに感染しないよう人工保育によってつくり出される、体表にも消化管内にもいっさい細菌をもたないマウスである。もちろん餌も滅菌したものを与えられる。

この無菌マウス作出技術によって、腸内細菌叢の研究は大きく進展した。無菌マウスと通常細菌叢マウスの比較だけでなく、無菌マウスに特定の細菌種・細菌グループを定着させたさまざまな「人工菌叢マウス(ノトバイオートマウス)」をつくり出し、その影響や反応を見ることもできるようになったのである。この無菌技術やノトバイオート技術は他の実験動物にも応用されており、特定の細菌がもつ機能や疾患との関わりなどを調べる上で欠かせないものとなっている。

シャオ博士らによると、無菌マウスのセロトニンの減少は結腸(大腸の大部分を占め上行結腸、横行結腸、下行結腸、S状結腸からなる。図4-3参照)と便において顕著だったが、小腸では減少していなかった。さらに年齢による影響の有無を確認するため、出生直後(0日齢)、離乳期(21日齢)、成熟初期(42日齢)の無菌マウスに通常の細菌叢を移植し、それぞれ56日齢になったところで測定したところ、いずれの血清、結腸でもセロトニンレベルが回復していたという。逆に通常の細菌叢をもつマウスに抗菌剤を投与して細菌叢を除去すると、やはりセロトニンレベルが低下した(図2-2)。

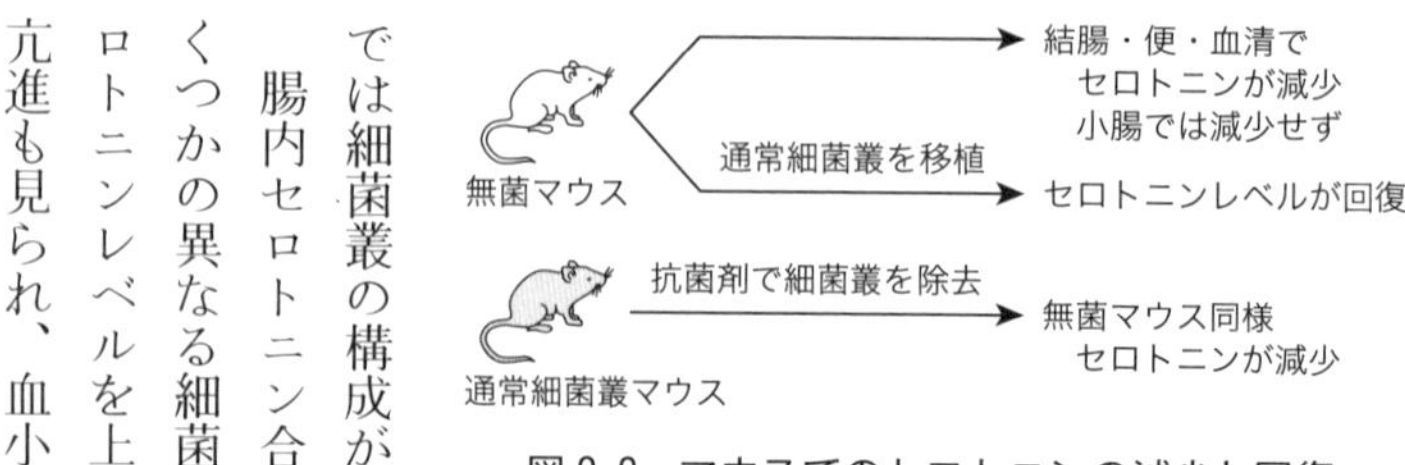

図 2-2　マウスでのセロトニンの減少と回復

こうしたことからシャオ博士らは、特定の細菌群がマウスの腸内セロトニン合成に関与しているのではないかと推測した。注目したのは、無菌マウスの結腸では通常細菌叢マウスと比べてセロトニンレベルが低下しているにもかかわらず、小腸では変化がなかったという結果である。

ひと口に腸内細菌叢というが、実際には部位によってその構成が変わる。強酸性の胃酸の影響を受ける十二指腸や小腸上部では種・数ともに少なく、また飲食物とともに飲み込んだ空気の影響があるので好気性細菌も一部見られるが、小腸下部から大腸にかけては細菌の種・数が次第に増える。それとともに好気性細菌は見られなくなり、通性嫌気性細菌、そして偏性嫌気性細菌に置き換わる。大腸(結腸)ではほとんどが偏性嫌気性細菌となる。つまり、小腸と結腸では細菌叢の構成が大きく異なるのである。

腸内セロトニン合成に関与する細菌を突き止めるために、研究グループは無菌マウスにいくつかの異なる細菌種を植え付けて変化を調べた。すると、約20種類の芽胞(がほう)形成菌が腸内セロトニンレベルを上昇させることがわかった。芽胞形成菌定着マウスでは、腸の蠕動運動の亢進も見られ、血小板の活性も高まっていた。

芽胞形成菌は、生育条件の厳しい環境下で耐久性のある厚い膜に包まれた芽胞をつくる。芽胞は熱や乾燥、酸・アルカリに強く、条件が回復するまで長期間にわたって休眠できる。腸内にいるものでは偏性嫌気性のクロストリディウム属が芽胞形成菌として知られる。クロストリディウム属には、ボツリヌス菌やウェルシュ菌のような食中毒菌も含まれるが、多くは無害な腸内常在細菌である。

どうやらそのクロストリディウム属が、大腸(結腸)でのセロトニン産生に深く関わっているらしいのだ。

セロトニン増減のメカニズム

無菌マウスでは、結腸におけるトリプトファン水酸化酵素(TPH1)が減少すると同時に、便や血清でトリプトファンレベルが上昇していた。さらにトリプトファンからセロトニンへの中間物質である5-ヒドロキシトリプトファンを無菌マウスに投与すると、結腸、血清でのセロトニンレベルが回復した(図2-1参照)。しかし、トリプトファンそのものを投与しても変化はなかったのである。つまり通常細菌叢マウスと比べて、無菌マウスではトリプトファンから5-ヒドロキシトリプトファンへの経路が阻害されている(あるいは活性化しない)ため、セロトニンが増えないことが疑われる。その経路で働いているのは、トリプトファン水酸化酵素である。

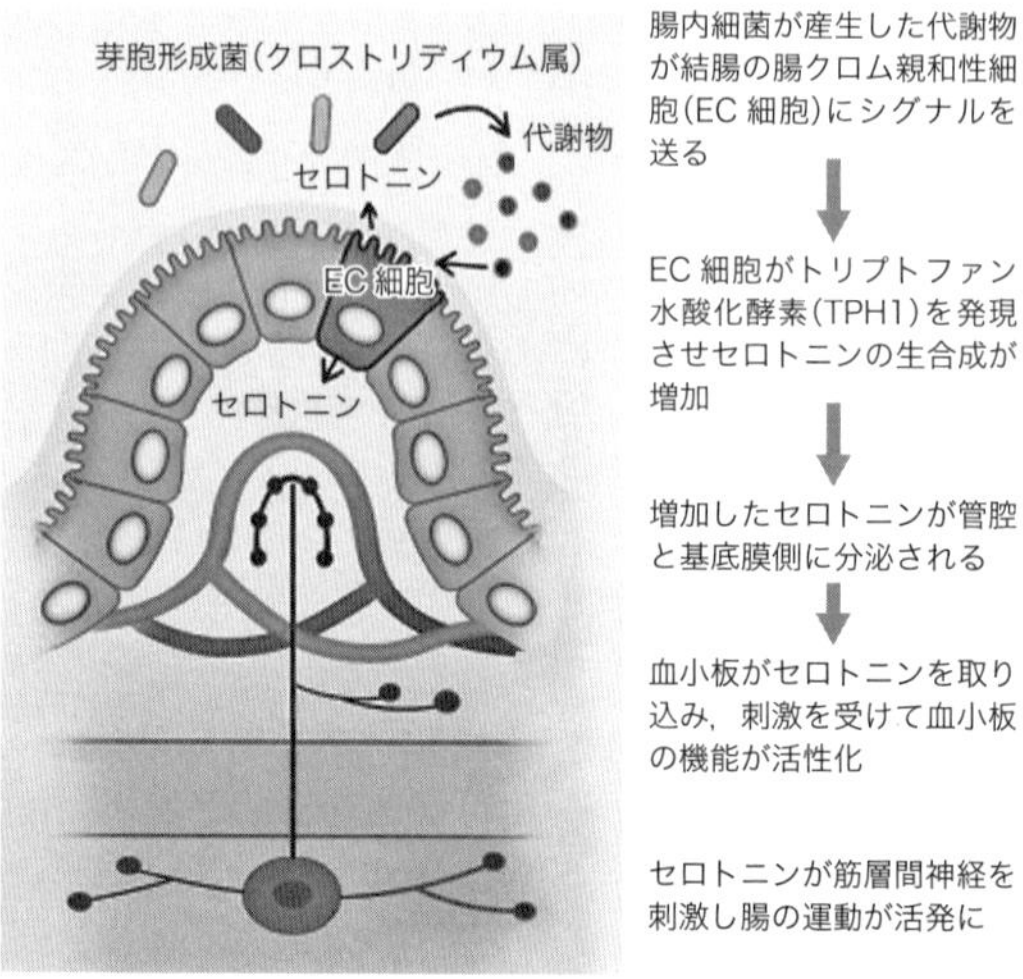

図2-3　腸内細菌（芽胞形成菌）が代謝物を通じてEC細胞のセロトニン産生を促進
（原典：J. M. Yano et al.: *Cell*, 161(2), 2015に一部加筆）

そこで、クロストリディウム属の細菌を定着させた無菌マウスにトリプトファン水酸化酵素阻害剤を投与してみると、セロトニンレベルは上がらなかった。

これらの実験結果は、クロストリディウム属の細菌がつくり出す何らかの代謝物がトリプトファン水酸化酵素を活性化させ、その結果、結腸のＥＣ細胞におけるセロトニン生合成を促進していると考えれば説明がつく（図2-3）。

シャオ博士らの実験では、人間の便由来のクロストリディウム属の細菌も無菌マウスに対してセロトニンレベルの回復効果があった。つまり、クロストリディウム属の細菌の結腸ＥＣ細胞への作用はマウスと人間に共通しているようだ。

通常細菌叢マウス、マウスおよび人間のクロストリディウム属の細菌を定着させた無菌マウスでは、いずれも便でセロトニンレベルの上昇とともに、α（アルファ）-トコフェロール、チラミン、*p*（パラ）-アミノ安息香酸（PABA）が増えていることが確認できた。

このうちα-トコフェロールは、8つあるビタミンE異性体の中で、もっとも普遍的なものである。α-トコフェロールには抑うつ症状の改善効果があることも知られている。一方、チラミンはドーパミンなどとよく似た構造のモノアミンで、神経接合部（シナプス）でやはりモノアミンの興奮性神経伝達物質であるノルアドレナリンの分泌を促す。またPABAは葉酸の前駆体であり、ある種の細菌では必須栄養素でもある。

これらの細菌代謝物を培養したEC細胞に加えると、果たしてセロトニンの産生が増加した。無菌マウスにこれらの代謝物を与えてもセロトニンレベルが上昇したという。これらの中にセロトニンレベル上昇のカギとなる代謝物があるにちがいない。

クロストリディウム属の腸内細菌は、この他にも興味深い役割を腸内で果たしていることがわかってきている。それについては、章を改めることにしたい。

脳と腸と腸内細菌を結ぶチャンネル

シャオ博士らの研究では無菌マウスの便や血清でトリプトファンが増加していることが確認されたが、他の研究でも無菌マウスの血中トリプトファン濃度が上昇する現象が示されている。しかも、腸内や血中でセロトニンが減っている一方、脳の海馬においてはセロトニンが増加しているという報告もある。

うつ病患者には、脳内セロトニンレベルの低下が見られる。また、主要な抗うつ剤は選択的セロトニン再取り込み阻害薬かセロトニン／ノルアドレナリン再取り込み阻害薬である。これらの薬剤はシナプスにおけるセロトニンまたはノルアドレナリンの再吸収を阻害するためその濃度が増加し、神経細胞を刺激して抑うつ状態を改善する。

こうしたことから、セロトニンやノルアドレナリンなどのモノアミン神経伝達物質の不足がうつ病をはじめとする神経疾患に関わりがあるとしてクローズアップされ、「モノアミン仮説」が生まれた。ただしすべてのうつ病患者に「選択的再取り込み阻害薬」が効果を示すわけではないので、モノアミン不足だけがうつ病の原因ではないと考えられている。

前章でも書いたように、セロトニンは血液脳関門を通り抜けられないので、腸や血液のセロトニンレベルが直接脳に影響を与えることはない、というのが定説だ。しかし、その唯一の前駆物質であるトリプトファンは血液脳関門を通過し、脳内でセロトニンに変わることができる。

トリプトファン欠乏食を摂(と)ると脳内セロトニンが減少し、気分にも影響を与えることが実験的に確かめられている。また抗うつ剤にトリプトファンを併用すると作用が増強する。こうしたことから、トリプトファンには抑うつ改善効果があるといわれる。確かにトリプトファンの血中濃度が高まれば、より多くのトリプトファンが脳に取り込まれる可能性はある。

一方でトリプトファンの多くはタンパク質の原料として使われ、余ったトリプトファンのほとんどは肝臓で代謝されてエネルギーとして利用される(キヌレニン経路↓グルタル酸経路↓クエン酸回路、図2-1右)。無菌マウスでは、この経路における代謝物であるキヌレニンとトリプトファンの血中比(KYN/TRP比)が通常細菌叢マウスに比べ低いことも報告されている。これはトリプトファンからキヌレニンへの経路の活性が失われているとも考えられるが、キヌレニンからキヌレン酸への代謝(図2-1下中央)活性が亢進している可能性も指摘されている。キヌレン酸は、興奮性グルタミン酸受容体に拮抗作用をもつ物質(アンタゴニスト)であり、さまざまな神経作用に影響を及ぼすと考えられている。うつ病や双極性障害(躁うつ症)、統合失調症患者の脳内において、キヌレン酸が増加しているという報告もある。トリプトファンとうつ病の関係はそう単純ではない。

さて、数多くの細菌・微生物にたった1層の上皮細胞で接している腸は、免疫システムの最前線でもある。腸には全身の免疫細胞・抗体の6~7割が存在するといわれている。細菌の刺激を受けて免疫細胞が産生する免疫情報伝達物質サイトカインもまた脳に影響を与えると指摘されている。腸内細菌がつくるさまざまな代謝物(短鎖脂肪酸、γ-アミノ酪酸、ポリアミンなど)も、直接・間接に脳に作用する。

こうした化学物質を通じて、私たちの気分や感情は、腸に、そして腸内細菌に、少なからず左右されているのである。

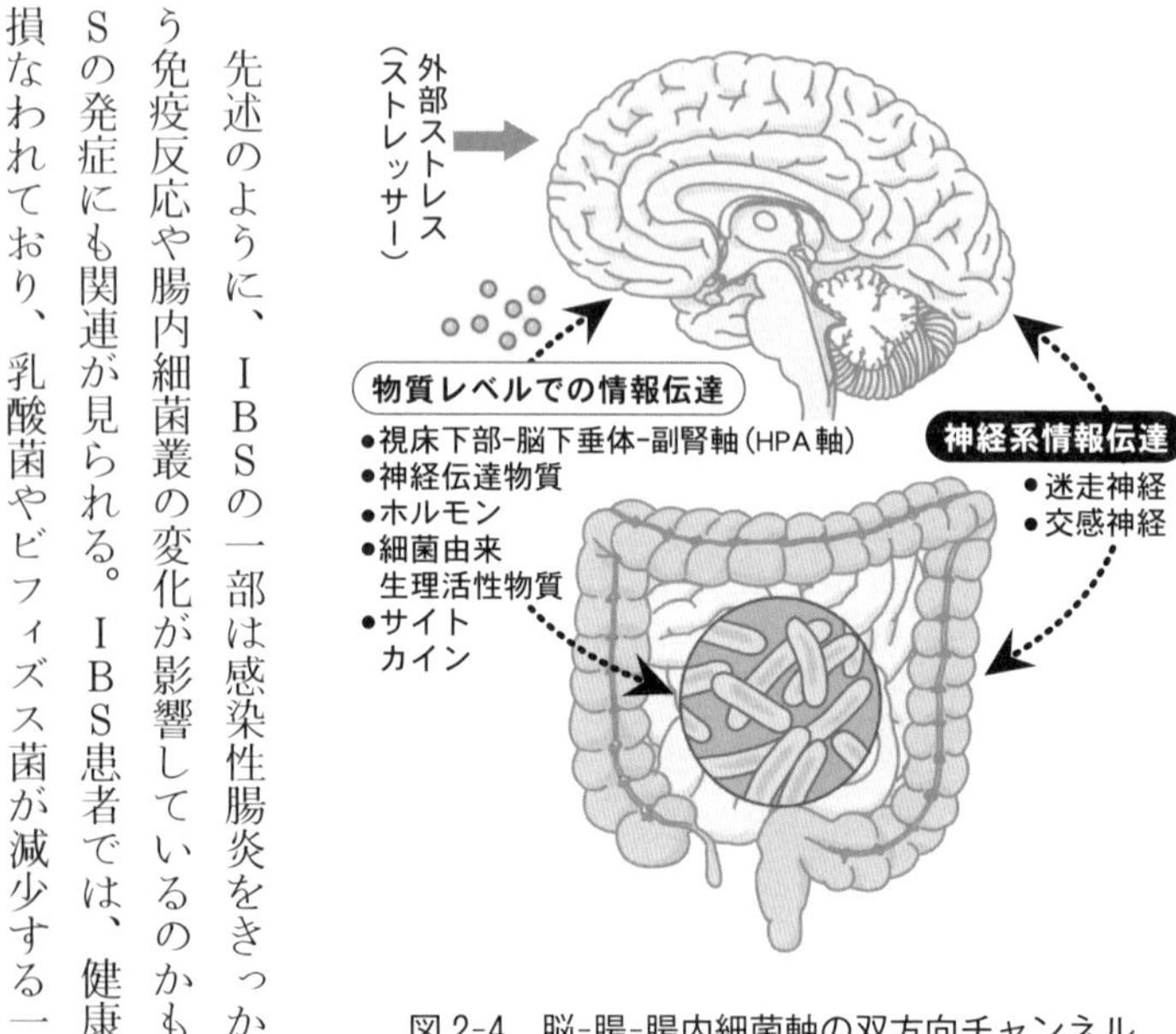

図2-4　脳-腸-腸内細菌軸の双方向チャンネル
（原典：E. A. Mayer et al.: *The Journal of Neurosciences*, **34**(46), 2014に基づく）

逆に腸内細菌叢が、外部ストレスなどの刺激によって攪乱されることもまたわかってきている。ストレスは視床下部-脳下垂体-副腎軸（ＨＰＡ軸）や交感神経を通じて消化管の蠕動運動を変動させる。すると消化管内容物の腸内滞留時間が増減するので、細菌叢の構成が変わる可能性があるのだ。腸内免疫反応の変化も細菌叢の攪乱要因となる（図2-4）。

先述のように、ＩＢＳの一部は感染性腸炎をきっかけに発症している。これには感染に伴う免疫反応や腸内細菌叢の変化が影響しているのかもしれない。また、抗菌剤の使用とＩＢＳの発症にも関連が見られる。ＩＢＳ患者では、健康な人と比較して腸内細菌叢の多様性が損なわれており、乳酸菌やビフィズス菌が減少する一方で好気性細菌が増えるなど、細菌叢の異常や攪乱(ディスバイオシス)が見られることも、さまざまな研究から明らかになっている。感染症治療に用いた抗菌剤の使用、偏った食事や生活習慣の乱れも腸内細菌叢に影響を及ぼし、ＩＢＳの発症に結びついている可能性がある。このような細菌叢の変化が、求心性迷走神経や細菌代謝物を通じて中枢神経系にフィードバックされるのだ。脳と腸と腸内細菌は、複数の経路を通じて結び合う複雑な双方向のネットワークなのである。

3 自閉症とGABA(ギャバ)と脳-腸連関

自閉症スペクトラム障害

近年、腸内細菌叢研究の進展に伴い、心身の病気と腸内細菌叢との関係について多くのことがらが明らかになってきた。前章で取り上げた過敏性腸症候群(IBS)のようなストレスが作用する消化管疾患だけでなく、さまざまな精神・神経疾患にも腸内細菌が関わっているかもしれないのだ。その1つに「自閉症スペクトラム障害(ASD)」がある。

文部科学省では、「自閉症とは、3歳くらいまでに現れ、①他人との社会的関係の形成の困難さ、②言葉の発達の遅れ、③興味や関心が狭く特定のものにこだわることを特徴とする行動の障害」であり、「中枢神経系に何らかの要因による機能不全があると推定される」障害と定義している。ASDには知的発達の遅れを伴う場合と伴わない場合があって、後者は高機能自閉症と呼ばれる。自閉症のうち知的発達の遅れを伴わず、かつ言語による意思疎通が可能なものをとくにアスペルガー症候群と呼ぶ。これらを合わせたものが自閉症スペクトラム障害だ。いわゆる発達障害の1つに位置づけられる。

文科省の定義にあるように、ASDには中枢神経系の機能不全が伴うと考えられている。何らかの原因で知覚情報が脳にうまく伝わらなかったり処理できなかったりすることで、通常(期待されるもの)とは異なる反応や行動をしてしまう。他人とのコミュニケーションをとることが難しく、周囲にあまり関心を示さない一方、特定のことにとてもこだわりが強い傾向がある。決まった手順に固執し、その手順を乱されると混乱してしまうこともある。

知的発達や言語能力に問題がない高機能自閉症やアスペルガー症候群は、日常生活を送ることに大きな支障はないが、たとえば相手の言葉の微妙なニュアンスを理解するとか、曖昧な質問の真意をくみ取るといったことが苦手で、他人との関係構築や社会への適応がうまくいかないという問題を抱える人が多い。

アメリカ疾病管理予防センターによる2010年の調査では、アメリカでは8歳児の68人に1人(約1・5%)がASDとされ、もっとも少ないアラバマ州で175人に1人、最大のニュージャージー州では45人に1人と、州ごとに大きなばらつきがあった。男女で比較すると男児は女児の4・5倍も高く、また人種別に見ると白人の子どもの方が黒人やヒスパニックよりも高い傾向が見られた。

こうした地域差や性差、人種差には、何か理由があるのだろうか?

一方、日本での有病率は80~100人に1人とされているが、比較的最近の調査結果には子どもの22〜25人に1人がASDというものもある(有病率でいうと4〜4・5%)。男女比を見るとやはり男児の方が多い。

子どもの自閉症状について1943年の論文で初めて言及したレオ・カナー博士は、自閉症の原因を、生まれつきの素質と育児環境に求めた。「育児環境」については現在はっきりと否定されている一方、同じ遺伝情報をもつ一卵性双生児で、双方がASDを発症する一致率が二卵性双生児に比べて高いことなどから、遺伝的要因の存在が疑われてきた。実際、ASD発症に関連すると考えられる遺伝子変異が次々と発見されている。

たとえば、ASDの男性140人、女性18人の遺伝子を解析したところ、シナプス(神経接合部)に存在するニューロリギン(NLGN)というタンパク質を発現する遺伝子のうちNLGN3、NLGN4に変異が見られたことを、フランス・パスツール研究所などの研究グループが明らかにしている。

シナプスは神経細胞(ニューロン)同士、または神経細胞とそれ以外の細胞とが接合している部位である。ここにはわずかなすき間があって、シナプス間隙と呼ばれている。神経細胞と神経細胞(あるいは他の細胞)の間の情報伝達は、このシナプス間隙に放出された神経伝達物質によって行われる。神経伝達物質を放出して情報を伝える方がシナプス前神経細胞、神経伝達物質を受容して情報を受け取る方はシナプス後神経細胞である。図3-1にその模式図を示した。

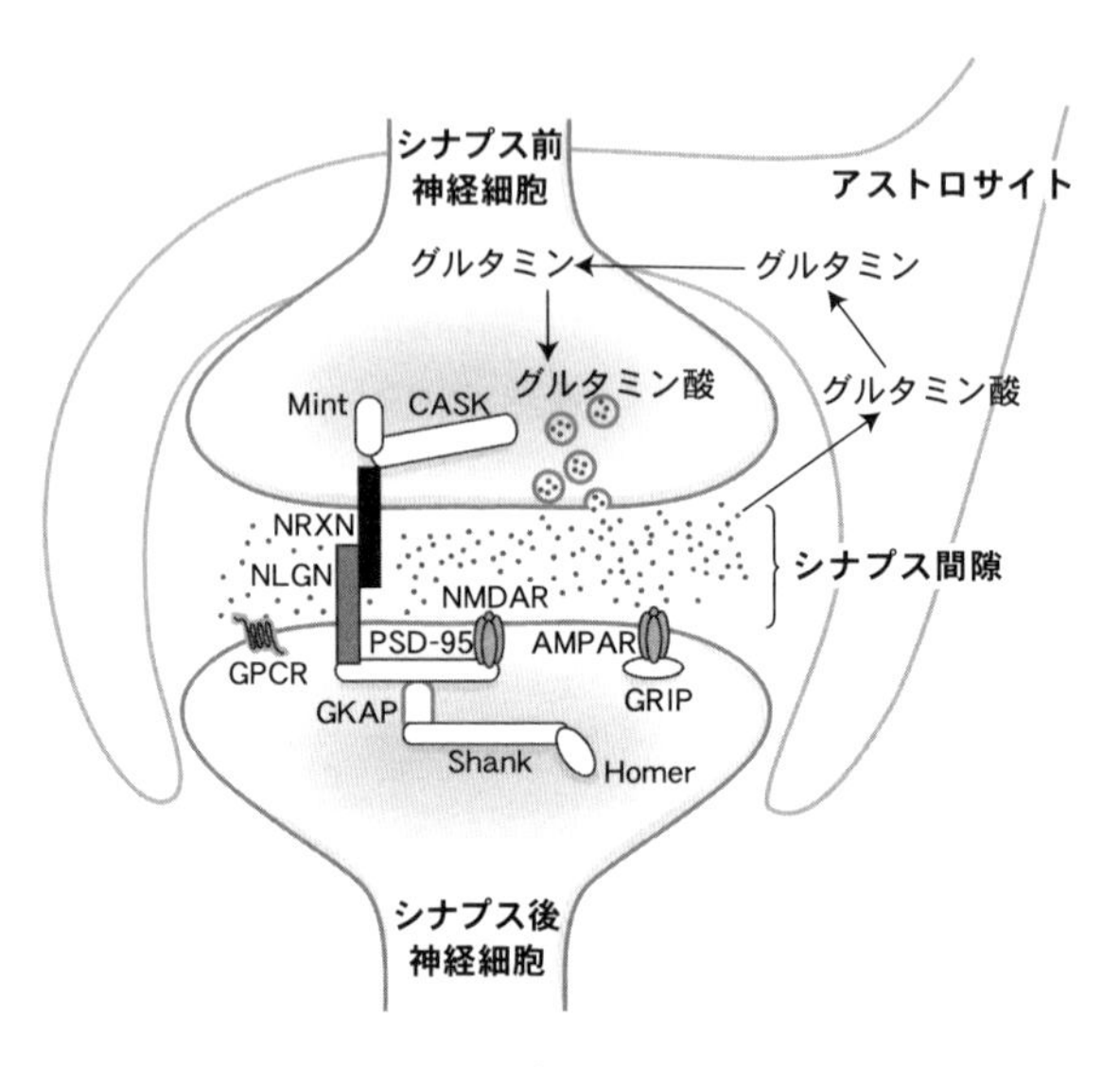

図 3-1　シナプスの構造の模式図

ここでは，シナプス前神経細胞がグルタミン酸作動性神経細胞の場合を示している．アストロサイトがシナプスを覆い，放出されたグルタミン酸を取り込んでグルタミンに変え，再利用している．シナプス前神経細胞末端からはニューレキシン(NRXN)，シナプス後神経細胞からはニューロリギン(NLGN)という「シナプス接着分子」(タンパク質)がシナプス間隙に伸び，両者を架橋する(シナプス接着分子はほかにもあるがこの図では省略)．ニューレキシン，ニューロリギン，グルタミン酸受容体(NMDAR，AMPAR，GPCR)などは神経細胞内で種々の「足場タンパク質」(図にはMint，CASK，GRIP，PSD-95，GKAP，Shank，Homerを示したがこれ以外にも多くの種類がある)によって支えられている．

神経細胞同士を連絡して情報伝達を行う神経細胞を介在神経細胞(介在ニューロン)という。介在神経細胞には神経伝達物質としてグルタミン酸を放出するグルタミン酸作動性神経細胞とγ-アミノ酪酸(GABA)を放出するGABA作動性神経細胞があって、後述するように前者は興奮性、後者は抑制性に働く。

中枢神経には神経細胞以外にアストロサイト、オリゴデンドロサイト、ミクログリアなどのグリア細胞(グリアは膠(にかわ)のこと)があり、情報伝達には直接関与しないが神経細胞の支持、栄養補給、免疫、死んだ神経細胞の処理などの機能を果たしている。グリア細胞の数は神経細胞よりもずっと多く、中でもアストロサイト(星状膠細胞)は、微細に枝分かれした樹状突起を脳内にびっしりと張りめぐらせていて、その中を神経細胞が通っている。脳はいわばアストロサイトのスポンジ状の基質の中を、神経細胞と血管が貫いている構造だといってもいい。

アストロサイトの樹状突起はシナプスを包み込むように覆(おお)っている。さらに別の一端は血管壁とも接触して、ともに血液脳関門を構成している。アストロサイトは神経細胞を支持するだけでなく、神経細胞にエネルギー(グルコース)を供給し、シナプスにおけるイオン環境を調節し、神経伝達物質の取り込みと代謝を行っている(血液脳関門におけるアストロサイトの役割、そしてアストロサイトと腸内細菌の関係については、第5章で詳述)。

シナプス間隙は、前後の神経細胞終末とアストロサイトによって囲まれた部分ということができる。そのシナプス間隙にあって、前後の神経細胞同士を架橋しているのが「シナプス接着分子（またはシナプス接着因子）」と呼ばれるタンパク質だ。ニューロリギンはこのシナプス接着分子のうち、シナプス後神経細胞にあって、シナプス前神経細胞終末にあるニューレキシン（ＮＲＸＮ）と結合して神経細胞同士を結びつけている（図3-1参照）。ニューロリギンとニューレキシンの組み合わせによって、興奮性・抑制性シナプスへの分化や神経伝達機能が調整されていると考えられている。

ニューロリギン遺伝子にはＮＬＧＮ1、ＮＬＧＮ2、ＮＬＧＮ3、ＮＬＧＮ4、ＮＬＧＮ4Ｙの5種類が知られている。このうちＮＬＧＮ3とＮＬＧＮ4はＸ染色体上に、ＮＬＧＮ4ＹはＹ染色体上にある。男性の場合、性染色体がＸ・Ｙの組み合わせなので、これら3つの遺伝子に欠損や変異があると、その遺伝情報がそのまま発現してしまう。それが自閉症が男性に多い理由の1つなのだろう。

パスツール研究所の研究では、ＮＬＧＮ3の451番目のアミノ酸がアルギニンからシステインに置き換わる遺伝子変異をもつ兄弟で、片方が自閉症、片方がアスペルガー症候群の症状を示したという報告がなされている。

これらの遺伝子を人為的に欠損あるいは変異させたマウスでは、他のマウスとのコミュニケーションが少なくなったり、反復行動が多くなったりするなど、人間の自閉症に似た行動（自閉症様行動）を引き起こしやすいことも報告されている。ほかにもニューレキシンや、シナプス後神経細胞内でニューロリギンを支える構造をとる足場タンパク質シャンク(Shank、図3-1参照)などの遺伝子の欠損や変異も、ＡＳＤに関わると報告されている。いずれも、グルタミン酸やＧＡＢＡの作動するシナプスや神経回路の形成に関わる遺伝子が多い。

ただし同じ遺伝子変異をもっていてもＡＳＤが認められないケースも多いため、遺伝子変異に何らかの環境要因が加わって発症するのだろうと考えられている。問題はその「環境要因」だ。

ディスバイオシスとＡＳＤの関係

データを見ると、アメリカでも日本でも、ＡＳＤの診断率が増えていることは事実のようである。それが「ワクチン原因説」(正確にいうと「ワクチンに含まれる有機水銀系殺菌剤原因説」)や「帝王切開リスク説」などの生まれた背景でもある。一方で、アスペルガー症候群が包含されるなど自閉症の診断範囲が広がり、同時にＡＳＤの認知度も上がってきたため、ＡＳＤと診断される機会が以前より高まっていることは確かで、ＡＳＤが増加しているとは必ずしもいいきれないようだ。

現在ではワクチン原因説は否定されているが、帝王切開による出産とＡＳＤとの関連については、疫学的にリスクが認められるという研究報告がいくつか出ている。一方、帝王切開で生まれた兄弟同士で比較すると明確な差は出なかったという報告もある。そんなわけで、

ＡＳＤが発症するメカニズムも、そして有効な治療法も、これまでのところはっきりとはわかっていないのである。

　ところがここへ来て、手がかりを与えてくれそうな研究がいくつか発表されている。そのカギとなるのが腸内細菌なのだ。ＡＳＤをもつ子どもには、慢性的な下痢や便秘を訴える比率が高い。そこでＡＳＤ児の腸内細菌叢を調べると、その構成が健常児と異なっている「ディスバイオシス」が見られることがわかってきたのである。

　たとえば、自閉症児・高機能自閉症児と彼らの兄弟姉妹である健常児の便（それぞれ10人）に含まれる細菌群を比較したイタリア・バーリ大学のマリア・デ・アンジェリス博士らは、ＡＳＤ児ではいずれもフィルミクテス門クロストリディウム科のカロラマトール属、サルキナ属、クロストリディウム属が高比率であった一方、同じフィルミクテス門でエウバクテリウム・シラエウムを除くエウバクテリア科細菌のレベルは低く、ビフィズス菌も減少していたこと、またフィルミクテス門ラクノスピラ科の細菌の構成も健常児とＡＳＤ児では異なっていたことなどを報告している。

　また彼らは便に含まれる細菌代謝物として遊離アミノ酸、揮発性有機化合物も分析し、ＡＳＤ児では相対的に遊離アミノ酸レベルが高いこと、エタノールなど一部アルコール類が減少している一方でフェノールなどが増えていること、短鎖脂肪酸（炭素数6以下の脂肪酸をいう）の中で酢酸とプロピオン酸が高レベルであることなどを示した。

短鎖脂肪酸は、腸内細菌によるセルロースやヘミセルロースのような食物繊維やオリゴ糖などの嫌気発酵でつくられ、大腸粘膜から吸収されて上皮細胞のエネルギー源となったり、腸内環境を弱酸性に保ったりする作用がある。中でも酪酸は大腸の上皮細胞のエネルギー源として重要な化学物質である。酪酸は揮発性で強烈な腐敗臭がする。そのため、いくら腸の栄養になるからといって、直接酪酸を摂ることは難しい。食物繊維やオリゴ糖から酪酸をつくってくれるのは、腸内細菌の重要な恩恵の1つだといえる。酪酸についてはのちほどまた触れる。

ＡＳＤ児の便における短鎖脂肪酸の増加は、南オーストラリア大学のワン博士による論文などでも報告されている。ラットの脳にプロピオン酸を投与するとドーパミン神経伝達系、セロトニン神経伝達系に変化が起き、運動異常、反復行動、認知欠陥など自閉症様症状を引き起こすという報告もある。またプロピオン酸はグルタミン酸による神経伝達を亢進させＧＡＢＡによる神経伝達を阻害するという。こうしたことから、プロピオン酸の増加とＡＳＤには何らかのつながりがあることが示唆される。

こうした代謝物の違いは腸内細菌構成の変化を反映していると考えられる。アンジェリス博士らとは別のイタリアの研究グループは、ＡＳＤグループの便では健常者グループに比べて、門レベルではバクテロイデス門の細菌が減少していること、属レベルではアリスティペス属、ビロフィラ属、プレボテラ属、ベイロネラ属などが減って、乳酸菌グループのラクトバチルス属などが増えていたこと、またカンジダ属の真菌(カビ・キノコの仲間)が増えていたことを示している。アメリカ・アリゾナ州立大のカン博士らも、ASD児の腸内細菌叢でプレボテラ属が減少していることを報告している。

細菌代謝物の影響

母親が妊娠中にインフルエンザに感染すると、生まれた子どもが自閉症を発症するリスクが2~3倍に高まるというデンマークでの疫学調査報告がある。実際に母マウスの腹腔内にインフルエンザウイルス抗原を注射すると、生まれた仔マウスは自閉症様行動を示すという。前章で紹介したカリフォルニア大学ロサンゼルス校のエレイン・シャオ博士らは、インフルエンザウイルス抗原を注射した母体免疫活性化モデルマウス(MIAマウス)の主要な腸内細菌叢構成が正常マウスと比較して大きく変化しているとともに、腸管バリア機能の低下・欠損が見られたことを報告している。

管腔と体内を隔てる腸管上皮細胞はタイトジャンクションと呼ばれるタンパク質の鎖によって堅く結びつけられており、杯(さかずき)細胞から分泌される粘液とともに細菌などの侵入を防いでいる。これを腸管(壁)バリアと呼ぶ。過敏性腸症候群(IBS)などの炎症性消化管疾患でも腸管バリア機能の低下は見られるが、さらに悪化するとタイトジャンクションが崩れ、細菌などの微生物や本来吸収されないサイズの食物由来分子が腸管上皮細胞のすき間を通過して毛細血管内に漏れ出してしまう「リーキー・ガット症候群(腸管壁浸漏症候群)」と呼ばれる症状をきたす(図3-2)。このリーキー・ガット症候群もASDにしばしば併発することが知られている。こうしたことから、腸管バリア機能の低下によって体内に取り込まれた腸内細菌の代謝物が、中枢神経系に何らかの影響を与えているのではないか、という仮説が唱えられている。

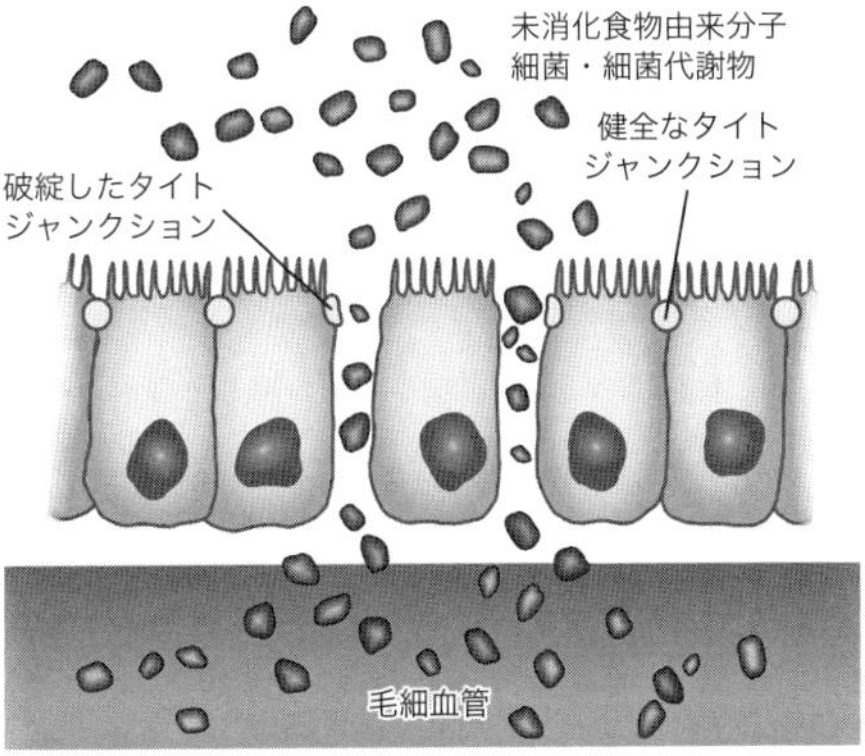

シャオ博士らは、腸管バリア機能の破綻したMIAマウスに人間の腸内常在細菌であるバクテロイデス(*B*)・フラギリスを経口投与したところ、腸管バリア機能の改善、細菌叢の構成変化が確認され、自閉症様行動も緩和されたという。MIAマウスの血清中代謝物を調べると、正常マウスとはMIAマウスとは8%、*B*・フラギリス投与マウスとは34%の代謝物が異なっていた。とくに*B*・フラギリス投与による改善効果が大きかったのは、4-エチルフェニル硫酸(4-EPS)、インドールピルビン酸、セロトニン、グリコール酸、イミダゾールプロピオン酸、*N*-アセチルセリンで、中でも4-EPSがもっとも大き

図3-2 リーキー・ガット症候群の模式図
(原典:Creative Commons, Author: Ballena Blanca, 2016に一部加筆)

く改善(つまり低下)していたという。そこで4-EPSを正常マウスの腹腔に注射してみると、果たしてマウスは不安様症状を示した。

4-EPSは腸内細菌によってアミノ酸のチロシンから産生される尿毒素(尿毒症の原因物質)p-クレゾールと似た物質で、やはり尿毒素の1つである。ただ4-EPSの自閉症発症への関与が疑われることは確かだが、それだけですべての説明がつくわけではない。シナプスにおける神経伝達物質の受容体や接着分子、さらにそれらを保持するさまざまな足場タンパク質などの発現に関わる遺伝子は数多くある。それらの変異や欠損といった遺伝的要因とはどのように関わり合うのか？　そしてどのように中枢神経の発達を妨げるのか？　おそらくさまざまな細菌代謝物が、多様で複雑な経路を通じて、自閉症の症状の発現に関わっているのではないか。

神経伝達物質GABA(ギャバ)

そうした代謝物の1つに、先述のγ-アミノ酪酸(GABA)がある。GABAはアミノ酸の一種で、グルタミン酸からグルタミン酸脱炭酸酵素(GAD)によって合成される(図3-3)。前駆物質のグルタミン酸が興奮性なのに対して、GABAは抑制的に働き(ただし神経発達期や神経損傷時には興奮性に作用することがある)、脳や神経の興奮を抑え、不安や緊張を和らげ、気分を落ち着かせる。具体的には心拍数低下や血圧降下、鎮痛、脳機能の向上、内臓機能の亢進などの作用がある。グリシンや副交感神経におけるアセチルコリンとともに、「休息・消化反応」をつかさどる神経伝達物質の1つである。

前章ではセロトニンなどのモノアミン不足がうつ病の原因となっているという「モノアミン仮説」について紹介したが、モノアミン類に限らず、神経伝達物質やホルモンの異常はさまざまな精神的変調をもたらす。GABAにも、うつ病のほか、自閉症や統合失調症の発症にも関わっているという「GABA仮説」がある。中枢神経においてGABAが減少すると、抑うつや不安をもたらすことがわかっており、いくつかの抗不安薬はシナプス後神経細胞で信号を受け取るGABA受容体を標的とするものだ。

GABA作動性神経細胞終末ではグルタミン酸からGABAがつくられる。神経細胞が刺激されるとGABAがシナプス間隙に放出され、シナプス後神経細胞に取り込まれて興奮を抑制する。これがGABAのシグナル伝達経路である。この時GABAと結びついて生理作用を発揮するのがGABA受容体である。

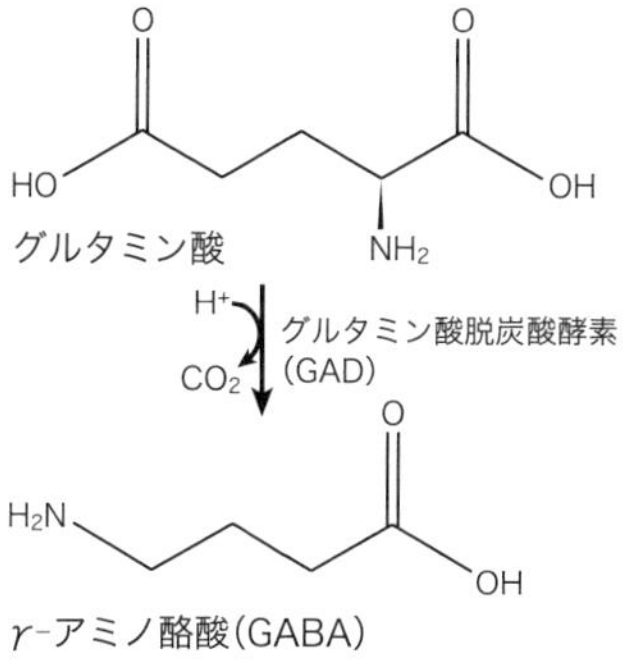

グルタミン酸
H^+
CO_2
グルタミン酸脱炭酸酵素(GAD)
γ-アミノ酪酸(GABA)

図3-3　GABAとグルタミン酸

GABA受容体にはGABA$_A$、GABA$_B$、GABA$_C$の3つがある。このうちGABA$_C$受容体はほとんどが網膜に存在し、中枢神経では、GABA$_A$受容体とＧＡＢＡ$_B$受容体が働いている。ＧＡＢＡ$_A$受容体にシナプス前神経細胞終末から放出されたＧＡＢＡが結合すると、イオンチャンネルが開き、塩素イオンCl^-をシナプス後神経細胞に取り込むことで、カルシウムイオンCa^{2+}濃度を低下させ神経の興奮を抑える。たとえば古くから精神安定剤や睡眠薬として使われてきたベンゾジアゼピンは、ＧＡＢＡ$_A$受容体の活性を高めることで効果を発揮する。これに対してＧＡＢＡ$_B$受容体は細胞内部で結びついているＧタンパク質を介してCa^{2+}の取り込みを抑制し、興奮を抑える。

自閉症にＧＡＢＡのシグナル伝達経路が関与しているらしいことは、これまでに動物モデルではわかっていたが、アメリカ・ハーバード大学とマサチューセッツ工科大学の研究グループはこれを人間で確かめた。用いたのは「両眼視野闘争」と呼ばれる現象である。これは、左右の目で異なるイメージを見たとき、左右どちらか一方のイメージだけが知覚され、それが短時間で(ランダムに)切り替わる現象のことだ。過渡的には融合したイメージも知覚される。左右の目からまったく異なる視覚情報を受け取ると、脳は混乱してイメージを統合できず、どちらか一方のイメージを知覚(しょうと)するのである。そのせめぎ合いがあたかも両眼が闘争しているようだというのでこのように呼ばれる。

なぜか自閉症の人は、左右のイメージが切り替わる時間が延びる傾向がある。

研究者らは、自閉症の人21人と健常者20人にこの両眼視野闘争の実験に参加してもらい、同時に磁気共鳴分光法を用いて実験中の被験者の神経伝達物質レベル測定を行った。すると健常者のイメージ交替の動きと大脳視覚野でのGABAやグルタミン酸レベルの変化に強い結びつきが確認された。しかし、自閉症の人の脳ではGABAのレベルは正常だったものの、GABAレベルとイメージ交替との関連が見られなかったのだ。

「自閉者発症者の脳内のGABAレベルが低下しているわけではない。この結果はGABA作動性のシグナル伝達経路に欠陥があることを示している。伝達経路のどこかが壊れている可能性があるということだ」と、研究グループの1人、ハーバード大学のキャロライン・ロバートソン博士は、同大学のニュースの中で述べている。研究グループは、GABA受容体そのもの、あるいは受容体の機能発現に問題があるのだろうと推定している。

東京大学分子細胞生物学研究所の研究グループは、先天性遺伝子疾患であるヤコブセン症候群を発症する11番染色体の末端部欠損によってPX-RICS遺伝子が失われると、自閉症を発症することを報告している。PX-RICSはGABA受容体を神経細胞表面へ輸送するしくみに関与するタンパク質である。つまり、神経細胞がGABAを受け入れることができなくなり、シグナル伝達に問題が起こることが予想される。

腸は脳を支配するか

前章でも触れたように、私たちの感情や気分は消化管の感覚に多分に左右されている。消化管を含む内臓の情報、いわゆる内臓感覚を中枢神経に伝えるのは、主に求心性迷走神経の役目である。迷走神経は延髄にある孤束核で中枢神経と接続し、内臓感覚はここを経由して脳のさまざまな部位に伝えられる。求心性迷走神経を切断してしまうと、もちろん内臓感覚は脳に伝わらなくなる。

薬剤が効かないタイプのうつ病の治療に、迷走神経刺激療法が用いられる。内臓から脳に至る求心性迷走神経に電極を埋め込んで刺激を与えると、うつ病の症状が改善するのである。この療法が効果を発揮するということは、内臓感覚が私たちの気分や感情に影響を与えていることを示す証拠になる。

スイス・生理行動研究所のメラニー・クラーレル博士らは、求心性迷走神経を切断して、脳から内臓への指令はそのままだが内臓感覚が脳に伝わらないようにしたラットでは、本能的な不安行動や条件付けられた恐怖反応が弱まることを報告している。これは何を示すのか？　不安や恐怖に関わる本能や学習された記憶(少なくともその一部)が、腸に存在するということなのだろうか？　存在しないまでも、その調節に腸が迷走神経を通じて関わっているのかもしれない。

こうした迷走神経を通じた気分や感情の伝達に、腸のＧＡＢＡが関与していることが明らかになってきたのである。ＧＡＢＡはタンパク質の構成成分として普遍的なグルタミン酸の代謝物で、それ自体ありふれたアミノ酸である。腸内細菌の中にもＧＡＢＡをつくり出すものはいくらでもいる。

しかし、前章で言及したセロトニン同様、GABAも、その前駆物質であるグルタミン酸も血液脳関門を通過できないと考えられている。通過できるのはグルタミン酸のさらに前駆物質であるグルタミンだ。つまりセロトニン同様、腸でいくらGABAが増えようがそれが直接脳に影響を与えることはないはずだ。

ところが、実際にGABAをサプリメントとして経口的に摂取すると、血圧を下げたり、不安や恐怖を和らげ精神を安定させたりする効果があることが以前から知られていた。そこで、GABAには何か間接的に脳にシグナルを伝える経路があると考えられるようになったのである。

その経路が「求心性迷走神経」なのだ。腸でGABAのレベルが高まると、それが迷走神経を通じて脳でのGABAレベルを上昇させ、興奮を抑制させる方向に働くメカニズムが想定されている。そこに関与するのが腸内細菌なのだ。

アイルランド・コーク大学の研究グループは、乳酸菌の仲間であるラクトバチルス（*L*）・ラムノススを継続的にマウスに与えることによって、中枢神経のGABA$_A$受容体のメッセンジャーRNA（mRNA）の発現が調節されることを示した。実際、*L*・ラムノススを投与したマウスでは、不安や抑うつ様症状が軽減した。しかもこの反応は、迷走神経を切除したマウスでは見られなかったのである。

チーズや漬物のような発酵食品に欠かせない乳酸菌の仲間にはGABAを産生するものが

多く含まれることが知られており、*L*・ラムノススもその1つである。つまり、*L*・ラムノススによって腸で産生されたGABAが、迷走神経に刺激を与えて脳内GABAレベルに影響を与えていることが示唆される。

ただし、まだわかっていないだけで、GABAが血液脳関門を通り抜けている可能性も完全に否定されているわけではない。先ほどの磁気共鳴分光法など最新の測定技術を用いれば、もう少しいろいろなことがわかってくるかもしれない。

さらに興味深いことには、腸内にはそのGABAを消化してエネルギー源にする細菌も見つかっている。アメリカ・ノースイースタン大学のフィリップ・ストランドウィッツ博士らが人間の便の中から発見したのは、エブテピア(*E*)・ガバボラスと名づけられた腸内細菌だ。ガバボラスとは「GABA食の」という意味で、GABAだけを餌にして増殖する特異な細菌なのである。しかも、*E*・ガバボラスは*B*・フラギリス(シャオ博士らが実験に用いた細菌だ)、あるいはドレア・ロンギカテナが共存しないと増殖できないという。

ストランドウィッツ博士らは、*E*・ガバボラス以外にもGABA食の細菌がいるのではないかと探索を続けている。GABAを産生する細菌とともに、消化する細菌がいることで腸内のGABAレベルが調節されており、そうした細菌の相互作用によって私たちの気分や感情が左右されている可能性もあるという。今後GABA以外の細菌代謝物にもこうした細菌同士の関係が見つかるかもしれない。

ともあれ、ASDに関わる遺伝子も、発症に関わる分子やその伝達経路も実に多様で複雑なため、発症メカニズムの全容解明にはまだ時間がかかりそうである。

パーキンソン病は腸から始まる?

ASDだけでなく、統合失調症、パーキンソン病、アルツハイマー病など他の精神・神経疾患や発達障害の中にも、脳-腸軸と腸内細菌叢、短鎖脂肪酸やGABAなどの細菌代謝物、そして求心性迷走神経が関わっていることを示す研究報告が、近年積み上がってきている。

デンマーク・オーフス大学病院のエリザベス・スベンソン博士らは、胃潰瘍や十二指腸潰瘍のような消化性潰瘍の治療として迷走神経切離術を1970~1995年に受けた患者約1万5000人の追跡調査を行った。パーキンソン病の発症率を比較すると、切離術を受けた人は一般の人と比べて約半分と低かった。つまり、迷走神経を切除したことで図らずもパーキンソン病の予防になっていた可能性が高い。

アルツハイマー病と並ぶ神経変性疾患であるパーキンソン病は、手足が震えたり(振戦)、こわばったり(固縮)、動作が緩慢になる、姿勢反射障害(からだのバランスを保てなくなる症状)で転びやすくなるなどの運動症状が特徴の病気で、元プロボクシング・ヘビー級世界チャンピオンのモハメド・アリ氏や、映画俳優のマイケル・J・フォックス氏が発病を公表したことで知られている。アトランタ・オリンピックの開会式で、あの華麗なテクニシャンであったモハメド・アリ氏が震える手で聖火のトーチを掲げ、ゆっくりと聖火台に点火する姿は、世界に感動を与えた。

パーキンソン病は、40~60歳代で発症することが多い。40歳以下で発症する場合は若年性パーキンソン病と呼ばれ、遺伝的な要因が指摘されている。しかし、ほとんどは近親者に患者がいなくても発症する孤発性である。有病率は日本で1000人に1~1・5人なのに対し、欧米では1000人に3人と高い。ただし日本でも60歳以上に限れば100人に1人くらいに有病率がアップする。

パーキンソン病の患者では、中脳にある黒質と呼ばれる神経核で神経細胞が減少していることがわかっている。黒質には緻密部と網様部とがあって、緻密部は大脳基底核で運動機能をつかさどる線条体につながり、神経伝達物質の1つであるドーパミンを放出して、興奮を抑制するブレーキの役割をもつ。この黒質の神経細胞(ドーパミン神経細胞)が減少すると、ドーパミンが十分につくられなくなって神経同士の情報伝達がうまくいかなくなる。その結果、アクセルであるアセチルコリン神経細胞からの刺激で興奮がおさまらなくなり、上記のようなさまざまな症状を引き起こすと考えられている。

治療にはドーパミンを補うかアセチルコリンの働きを抑える薬が用いられる。ドーパミンはやはり血液脳関門を通り抜けられず脳に届かないため、血液脳関門を通り抜けられる前駆体のレボドパを服用する。アセチルコリン抑制には、受容体に先回りして結びつく拮抗薬

（アンタゴニスト）が用いられる。

どちらにせよ、症状をある程度緩和できても、黒質のドーパミン神経細胞を復活させることはできない。現状では症状を和らげるだけで、病気そのものを治す根本的な治療法はないのである。

先の研究結果から、パーキンソン病の発症には迷走神経が関わっている可能性が高い。スベンソン博士らは、パーキンソン病は腸管で始まり迷走神経を通じて脳に広がる、と考えている。ただし発症までには20年以上を要するため、発症年齢が高くなるのだという。パーキンソン病患者は症状が現れる何年も前から便秘がちになる。これが早期診断の指標になるかもしれない、とスベンソン博士は期待している。

それにしても、迷走神経を通じて腸管から脳に何がどのように伝わっていくのだろうか？それを考える上でヒントとなりそうな研究を紹介しよう。カギとなるのはα-シヌクレインというタンパク質である。

ドーパミン神経細胞が減少する原因として、このα-シヌクレインがドーパミン神経細胞の中に蓄積することがあげられている。蓄積は徐々に進むため発症までに時間がかかり、また発症後にも症状が進んでいくのである。α-シヌクレインは、アルツハイマー病などの神経変性疾患の発症にも関わっている。

アメリカ・カリフォルニア工科大学のティモシー・サンプソン博士らは、α-シヌクレインを産生してパーキンソン病を発症するように遺伝的にプログラムされたマウスを用いて実験を行った。すると消化管に通常細菌叢を植え付けたマウスではパーキンソン病を発症したが、無菌マウスでは症状が出なかったのだ。両者は遺伝的に同一で、違いは腸内細菌叢の有無だけである。さらに、無菌マウスにパーキンソン病患者と健康な人の腸内細菌を移植すると、パーキンソン病患者の細菌を移植したマウスの方が発症率が高かった。発症したマウスの便には短鎖脂肪酸が増加していたという。人間における研究ではないが、これらの結果から研究グループは腸内細菌がパーキンソン病の発症に何らかのかたちで関与していることはほぼ間違いないと考えている。そこに細菌代謝物や迷走神経がどのように関わっているのか。その解明が進めばこの難病の予防や治療にとって大きな光明となるだろう。

4 あなたの食欲を支配するもの

ファーストフードが壊した腸内細菌叢

ロンドン・キングスカレッジで遺伝疫学の講座をもつティム・スペクター教授の息子で、大学で遺伝学を学ぶトムは、卒論を書くために自らを使った実験への資金援助を父親にもちかけた。その実験とは、ファーストフードだけを食べ続けて、自分の腸内細菌の変化を追跡するというものだ。以下はスペクター教授が報告した実験の概要である。

――トムは10日間、毎食典型的なファーストフード、すなわちハンバーガーとチキン・ナゲット、フライド・ポテト、コーラだけを摂り続け、実験前から実験後まで毎日採取した便のサンプルを複数の研究機関に送った。

3日目までは良かった体調は徐々に下り坂となり、1週間もすると友達から顔色が悪いといわれるようになった。10日間の実験期間が過ぎると、トムはたまらず野菜と果物を買いに食料品店に駆け込んだ。

数か月後に研究機関から送られてきた結果は、ひと言でいうと細菌叢の崩壊とでもいうものだった。実験後のトムの腸内細菌叢は、実験以前のものから大きくシフトしていた。実験前はフィルミクテス門が優占していたが、実験後には優占細菌群がバクテロイデス門に置き換わった。ビフィズス菌類は半減し、何より種数が40％も減少していた。しかも2週間たっても腸内細菌叢は回復しなかったのだ――。

ファーストフードは、なぜ私たちの腸内細菌叢を変えてしまうのだろうか？ ハンバーガーにフライド・ポテトやコーラなどを組み合わせたファーストフードの「セットメニュー」は高脂質・高塩分・高カロリーで、原料は精製された小麦粉、精製肉、ポテトと油脂、食塩、精製糖が中心。通常推奨されている「バランスの良い食事」とはだいぶ異なる（サイドメニューでサラダをチョイスすることもできるが、量はわずかなうえハンバーガー単品より高価だったりする）。私たちが子どものころから繰り返し聞かされてきたのは、主食とおかず数品（主菜・副菜）、あるいは炭水化物（ご飯やパンや麺）とタンパク質（肉や魚や卵）、食物繊維やビタミンなど（野菜や果物や海藻）を1食の中に組み合わせ、さらに1日にできるだけ多品目の食品を摂りなさい、というものだった。

腸内細菌は、私たちが摂取する食物を分解して自らの活動や増殖の糧とする。多種多様な細菌が利用できる食物成分はそれぞれ少しずつ異なっている。

タンパク質や脂肪ばかりが口から入ってくれれば、それらを主要な栄養源とする細菌が勢いを増し、野菜や果物に含まれる食物繊維を分解する細菌は肩身が狭くなる。また、後述するように高脂肪の肉や揚げ物ばかり食べていると、脂肪を乳化させる作用がある胆汁の分泌量が増え、アルカリ性である胆汁に耐性をもつ細菌が増えることもわかっている。

肥満と腸内細菌の関係

これまで、腸内細菌叢の異常や攪乱(かくらん)＝ディスバイオシスがストレス関連疾患や自閉症スペクトラム障害（ＡＳＤ）などの原因となっている可能性に言及してきた。そこに加わるのが「肥満」である。

いまや肥満は世界的な健康問題になっている。世界保健機関（ＷＨＯ）の統計では、世界の成人人口の4割近くが、ＢＭＩ（体重を身長の二乗で割った指数）が25以上の太りすぎで、13％＝約6億人が肥満の基準である30以上なのだ。* １９８０～２０１４年の間に世界中で肥満者の数は2倍に増え、先進国ばかりでなく新興国、発展途上国においても急増している。その原因は手に入りやすい高カロリー食、つまりファーストフードやインスタント食品、スナック菓子類、そして運動不足であると、ＷＨＯは指摘している。

そもそもなぜ太るのか、といえば理由は単純で、摂取エネルギー（カロリー）が消費エネルギーを上回るからである。余ったエネルギーは、からだの外に出て行かずに体脂肪のかたちで蓄えられる。それは人類がずっと生きるか死ぬかギリギリのところで生きてきたことの名残でもある。食べられるときに食べ、余剰を脂肪として蓄えておけば、食べ物がなくなったときには蓄えた脂肪をエネルギーに変えてしばらく生き延びることができる。

狩猟採集時代には食料調達は安定しなかったし、農耕時代になっても天候不順などによる不作にしばしば見舞われるような地域ではこうした形質が有利に働いた。人類にはいまもなお、基礎代謝を減らし脂肪をより多く蓄えるために働く「倹約遺伝子」(かつては飢餓遺伝子とも呼ばれた代謝に関わる変異遺伝子)が伝わっており、日本人を含むアジア人はその保有比率が高いといわれる。食べても太らない、つまり基礎代謝が高く、かつエネルギーを蓄えにくい形質は、人類史の中ではむしろ生存に不利だったのである。

ところが現代、一転してそうした形質があだとなって、肥満を招き、高血圧、高脂血、高血糖といった、いわゆるメタボリック・シンドロームを引き起こしている。それに伴って2型糖尿病、心臓病、脳梗塞、ある種の癌(がん)(子宮癌や乳癌、卵巣癌、前立腺癌、膀胱癌、腎臓癌、大腸癌は肥満と関係があるとされる)などの病気が、多くの人の命を奪っているのだ。

その肥満をもたらすものとして、近年ディスバイオシスが浮かび上がってきたのである。実際、肥満者の腸内では、痩せた人と比べて細菌叢の多様度が失われ、特定の細菌群が通常より減ったり増えたりしていることがわかっている。

ではこうしたディスバイオシスはどのようにして起こるのか。その原因の1つにあげられているのが、ファーストフードにも当てはまる、肉や脂肪過多の食事である。

アメリカ・デューク大学のローレンス・デイビッド博士らは、10名の被験者のうち5人に肉や卵、乳製品だけ（動物食）を、残りの5人に穀類、豆、野菜、果物だけ（植物食）を、それぞれ5日間食べ続けてもらう実験を行った。被験者の便を調べると、動物食グループでは、いずれも胆汁耐性のあるアリスティペス属やバクテロイデス属（いずれもバクテロイデス門）、ビロフィラ属（プロテオバクテリア門）が増え、デンプンやセルロース、ペクチンなどのポリサッカライド（多糖）を分解するフィルミクテス門の細菌が減少していた。しかもこの変化はたった4日間で起こっていたのだ。減少したフィルミクテス門には乳酸菌の仲間であるラクトバチルス属やエンテロコックス属のほか、クロストリディウム属などの細菌群が含まれる。

この細菌叢の変化は、先のトムの実験結果とも大方合致する。ただし、肥満者の腸内ではバクテロイデス門が減りフィルミクテス門が増えているという、異なる報告もある。また、高脂肪食と肥満は腸内細菌叢の変化とは無関係であったという研究もあって、高脂肪食→ディスバイオシス→肥満という単純で一方的なプロセスではないようだ。これまでに見たように、ストレスや感染症、あるいは抗菌剤の使用が腸内細菌叢を乱すこともあるし、脂肪以外でも偏った食事を続ければ、やはり腸内細菌叢は乱れるのである。

アメリカ・セントルイス・ワシントン大学医学部の研究グループは、片方が肥満（ＢＭＩ≧30）でもう片方が適正体重の女性の双子4組を選び、彼女らの便に含まれる細菌を無菌マウスに移植した。その後すべてのマウスに、低脂肪で植物性のポリサッカライドを多く含む同じ餌を同じ量与えたところ、肥満女性の便を移植したマウスでは、適正体重の女性の便を移植したマウスに比べて体重と体脂肪が増加していた。両者の便の細菌を調べると、人間のドナーと同様に肥満マウスでは細菌の多様性が低下したままであった。つまり、「肥満型腸内細菌叢」、あるいは「痩せ型腸内細菌叢」なるものが存在する可能性がある。

＊ただし日本肥満学会はＢＭＩ25以上を肥満としている。日本人は欧米人に比べＢＭＩ25以上でメタボリック・シンドロームや生活習慣病を発症しやすいからだという。

ヨーヨー効果と肥満の記憶

ともあれメタボリック・シンドロームや生活習慣病を防ぐには、体重を減らすことがやはり最良の予防であり、根本治療への近道である。ところが、これがなかなか大変なのだ。頑張ってダイエット(食事制限)して、いったん痩せることには成功したが、いつしかまた元通り、といった経験をおもちの方もおありだろう。これは「ヨーヨー効果」と呼ばれている。

実際、減量するより減量した体重を維持する方が難しい、とはよくいわれることである。アメリカでは減量した肥満者の8割が1年以内に元の体重に戻ってしまうという報告もある。もちろん、ダイエットや運動を継続できないということもあろう。しかし、最近の研究によるとそこにも腸内細菌が関わっている可能性があるという。

イスラエル・ワイズマン研究所のエラン・エリナブ博士らは、全期間通常食だけを与えたマウスと、高脂肪食と通常食をそれぞれ一定期間ずつ交互に与えるサイクルを2回繰り返したマウス、前者のサイクルの1回目は通常食だけで2回目は高脂肪食と通常食を交互に与えたマウス、全期間高脂肪食だけを与え続けたマウスの4グループに分けて、体重、血中グルコース、そして腸内細菌叢の変化を観察した(図4-1)。

当然ながら高脂肪食だけを与えたマウスは体重が増えていき、最終的に通常食のマウスの体重の2倍近くなった。一方、交互に与えたマウスでは高脂肪食から通常食に替わるとゆっくりと体重が減るが、再び高脂肪食のサイクルに入ると、急激に高脂肪食だけのマウスのレベルに追いついたのである。

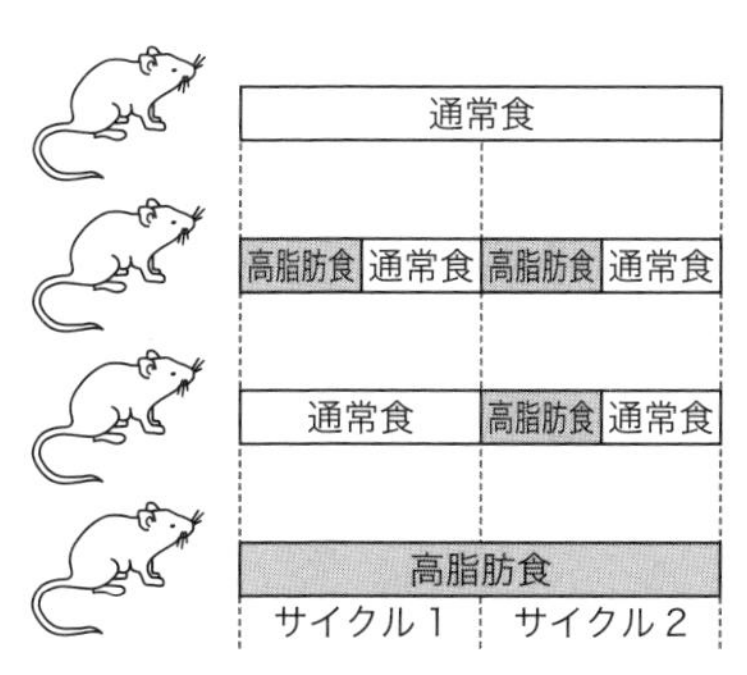

図4-1 実験サイクル

そこで腸内細菌の変化を調べると、高脂肪食だけのマウスでは通常食だけのマウスに比べて多様度が低下しており、交互に与えたマウスでは、通常食に替わっても腸内細菌の多様度は完全には元に戻っていなかった。このように腸内細菌叢が以前の高脂肪食の状態を記憶していることが、体重が急激に戻る理由ではないかという。腸内細菌叢の高脂肪食への対応が比較的短期間に起こるのは先のデューク大学の研究グループの結果と同じだが、いったん変化してしまうと回復しにくいということになる。試しに、2度目の高脂肪食の前に通常食マウスの細菌叢を移植すると、体重の増え方はゆっくりになった。

この現象は動物にとって、餌が少ない時期に体重減少(脂肪の利用)を最小限にし、餌が得られれば短期間に脂肪を溜め込むという生存上のメリットがあると考えられる。エリナブ博士らは、腸内細菌がその緩衝装置として働いていると考えている。先述のように、野生では飢餓と飽食が繰り返すのはよくあることだ。しかし、体重過多の現代人では、ダイエットをやめるとすぐに体重が戻ってしまうという結果になる。それが「ヨーヨー効果」なのである。マウスの場合、高脂肪食の後で腸内細菌叢が完全に回復するまで、6か月ほど通常食を続ける必要があった。人間では数か月から数年を要するだろうという。やはりダイエットには辛抱が必要ということか。

それにしても、なぜ、どのように腸内細菌は私たちの体重(それに関わる摂食行動やエネルギー代謝)をコントロールするのか。そのヒントになりそうなのは、やはり脳-腸軸である。

満腹感・空腹感のメカニズム

いわゆる内臓感覚が、求心性迷走神経を通じて脳に伝わるのは前章で書いた通りだが、その中には食欲に関する感覚もある。人間の食欲というのは味覚や嗅覚、視覚などの五感や記憶も関わる複雑な感覚であるが、摂食行動は個体の維持に直結するので、基本的には大脳の視床下部にある「満腹中枢」と「摂食（空腹）中枢」によってコントロールされている。ただしその調節には多重かつ複雑なメカニズムが備わっている。

かつては、胃が空っぽになれば空腹を感じて摂食し、食べ物で膨らめば満腹を感じて摂食を控えるようになると単純に考えられていた。1960年代末に、九州大学名誉教授の大村裕博士（当時は金沢大学）らによって満腹中枢にグルコース受容神経細胞が、摂食中枢にグルコース感受性神経細胞が発見され、食後に血中グルコース濃度（血糖値）が高まると、満腹中枢の活動が亢進し、摂食中枢の活動が抑制されて摂食行動が抑えられることがわかった。両神経細胞は空腹時に血中濃度が上昇する遊離脂肪酸には逆に反応し、空腹を感じて摂食行動を促す。

摂食に関わる経路はそれだけではなかった。1994年、遺伝性肥満マウスの原因遺伝子を特定する中で、レプチンというペプチドホルモンが発見された。

血中グルコース濃度が高まると全身の脂肪組織からレプチンが血中に放出される。レプチンは大脳視床下部にあるレプチン受容体に結合し、α-メラノコルチン刺激ホルモン（α-MSH）というホルモンを産生するプロオピオメラノコルチン（POMC）神経細胞を活性化させる。放出されたα-MSHはメラノコルチン4受容体（MC4R）に作用して、摂食行動を抑制するとともにエネルギー代謝を亢進させる。同時にレプチンは、摂食亢進作用のあるニューロペプチドY（NPY）やアグーチ関連ホルモン（AgRH）がつくられるNPY／AgRH神

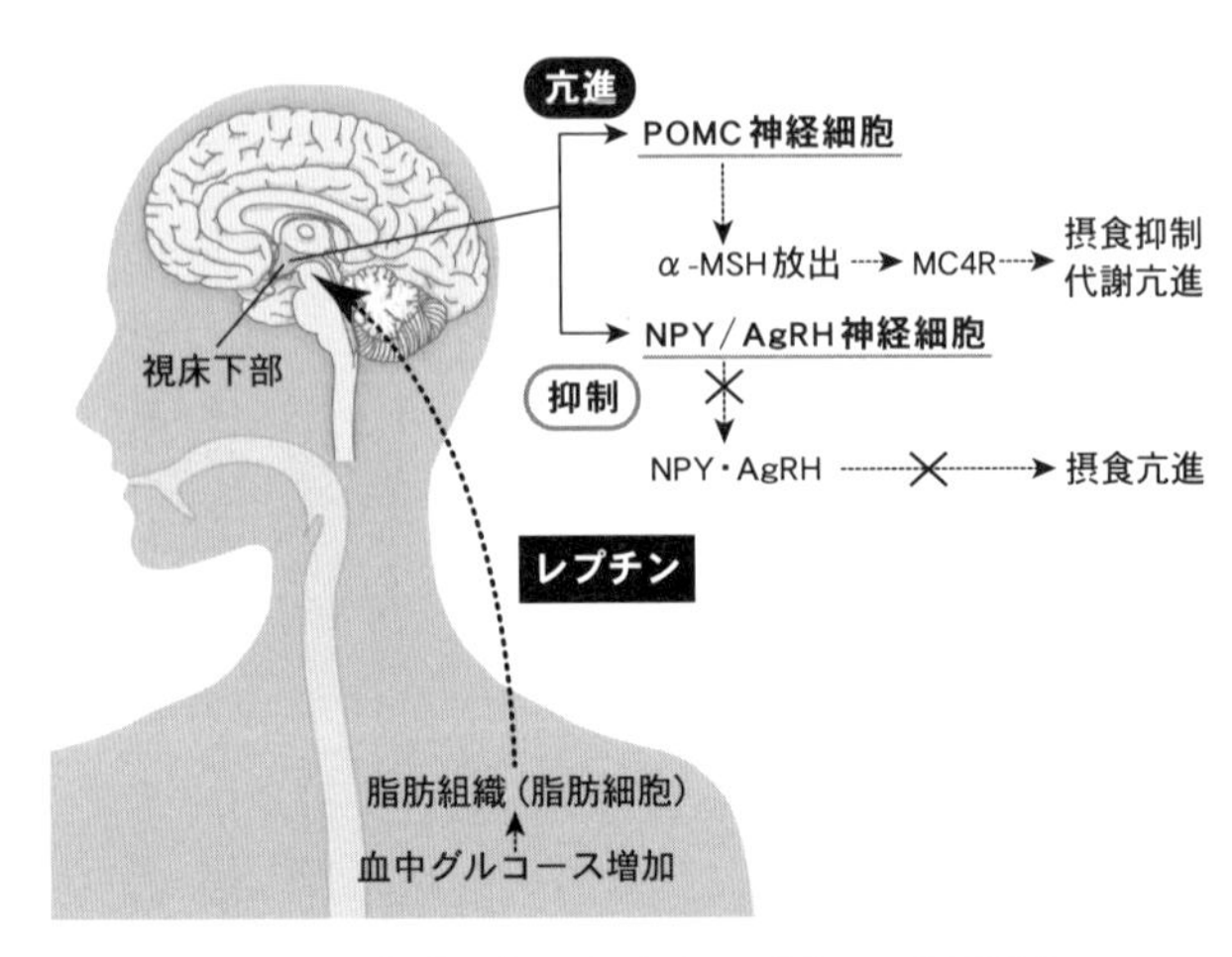

図 4-2　視床下部におけるレプチンの作用機序

経細胞の活動を抑えるのだ（図4-2）。

このメカニズムによって、飽食すれば満腹を感じ、それ以上摂食しないようになる。遺伝性肥満マウスにはこのレプチンをつくる遺伝子が欠けているため、本来満腹であるのに摂食を続けてしまうのである。

これ以外に視床下部ではメラノコルチン3受容体（MC3R）やオレキシン、メラニン凝集ホルモン（MCH）なども働いており、中枢における摂食行動の調節はもう少し複雑なのだが、ここではあまり深入りしないでおく。

末梢、すなわち消化管から脳へ満腹・空腹情報が伝わる経路もある。これらの情報は求心性迷走神経から延髄にある孤束核を経由して視床下部に伝えられることから、視床下部-消化管軸と呼ばれる（図4-3）。

まず胃壁の伸張が求心性迷走神経を刺激し、この刺激が脳に到達して満腹感を覚え食欲を抑えるメカニズムがある。

一方、空腹時には胃の内分泌細胞からペプチドホルモンであるグレリンが分泌され、摂食行動を促す。この作用も主に求心性迷走神経を通じて行われることがわかっている。ただグ

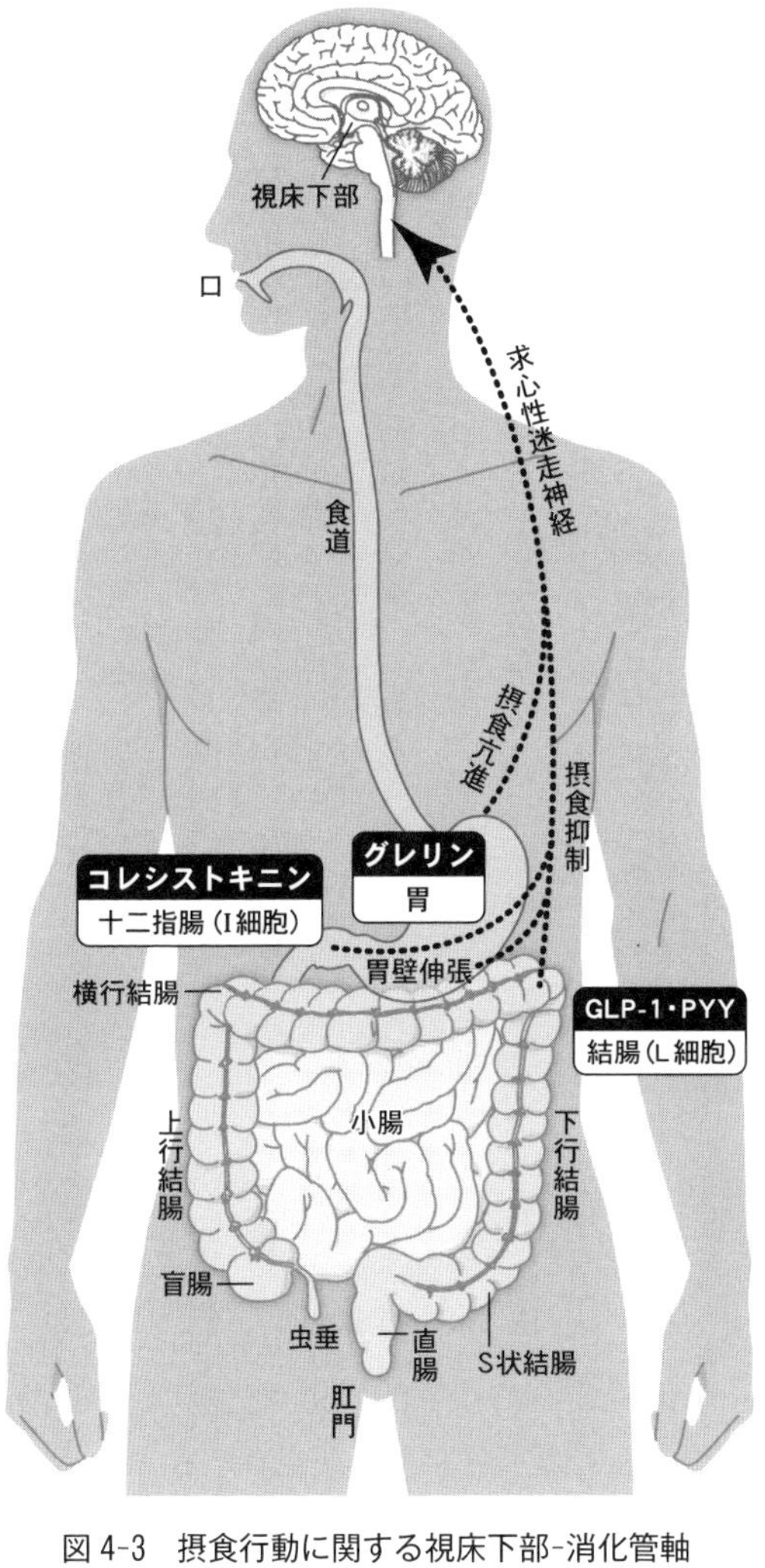

図4-3　摂食行動に関する視床下部-消化管軸

レリンには脳下垂体での成長ホルモン分泌促進作用もあり、マウスやラットの脳室や静脈に投与すると摂食を亢進させるところから、迷走神経を経由しない直接経路もあると考えられている。

一方、腸では、第2章で言及したセロトニン以外にもさまざまな内分泌物質=腸管ホルモンが産生される。これらは食物やその分解物による刺激を受けて分泌され、膵液や胆汁の分泌を促進または抑制したり、消化管運動を制御したりする。つまり本来は消化に関わるホルモンなのだが、同時にこれらのホルモンが求心性迷走神経を刺激することで視床下部に情報が伝わり、摂食を亢進させたり抑制したりする作用をもつのである。

まず食物が胃から十二指腸に送られてくると、それが刺激になって十二指腸上皮にあるI細胞という内分泌細胞が活性化し、コレシストキニン(CCK)を産生する。コレシストキニンは膵液や胆汁の排出を促すと同時に、末梢迷走神経にあるCCK-A受容体を活性化させる。この情報が求心性迷走神経を通じて視床下部に伝わり、摂食を抑制する。

一方、主に小腸下部(回腸)と大腸(結腸)の上皮に分布するL細胞からは、グルカゴン様ペプチド1(GLP-1)が分泌される。GLP-1は膵臓のランゲルハンス島で血糖抑制ホルモンであるインスリンの合成と分泌を促すと同時に、中枢神経に作用してやはり摂食を抑制する。近年、このGLP-1を標的とした糖尿病薬の開発が進んでいる。同じL細胞から分泌されるペプチドYY(PYY)は膵液分泌抑制、胃排出遅延、小腸内通過遅延作用をもち、同じく摂食を抑制する。ＧＬＰ-１、ＰＹＹともやはり求心性迷走神経を通じて視床下部に情報を伝えている（ただしＧＬＰ-１には迷走神経を経由しないで直接脳のＧＬＰ-１受容体に作用する経路もあるようだ）。

腸内細菌代謝物と摂食行動

このように消化管に入ってきた食物やその消化物の情報は、求心性迷走神経を介した「内臓感覚」として、あるいはさまざまな内分泌物質によって、消化管から脳に伝えられ、私たちは満腹や空腹を感じるのである。

ここまでお読みいただいたら、もうピンと来るでしょう。そこに腸内細菌が関わる余地もあるのではないかと。そう、あるのです。腸内細菌が食欲をもコントロールしていると思われる実例が。

マウスやラットに、通常は消化酵素で分解されない食物繊維やオリゴ糖などの難消化性炭水化物を与えると、与えないマウスやラットに比べて摂食量や体重、脂肪量が減少することが報告されている。特定の腸内細菌が食物繊維やオリゴ糖を材料に、嫌気発酵によって短鎖脂肪酸をつくることは前章に書いた通り。この短鎖脂肪酸にはさまざまな生理作用があるのだが、どうも食欲（の制御）にも関わっているらしいのだ。

カギは先述の腸管ホルモンである。難消化性炭水化物を与えたラットで調べたところ、肝門脈血中に、満腹ホルモン(摂食抑制ホルモン)であるGLP-1やPYYが増加し、空腹ホルモン(摂食亢進ホルモン)であるグレリンが減少していたのだ。同様の結果は人間でも得られている。フラクトオリゴ糖(ショ糖に数個の果糖が結合した難消化性オリゴ糖)を摂取した治験者では血中のGLP-1やPYYが増加し、それに伴って食欲が低下することが報告されている。また肥満者がフラクトオリゴ糖を摂取するとグレリンの血中濃度が低下することが確認されたという。

GLP-1やPYYの増加は次のようなメカニズムによって起こると考えられている。難消化性炭水化物は、胃や小腸で消化吸収されないまま大腸にたどり着くと、そこでビフィズス菌や乳酸菌、クロストリディウム目のフィーカリバクテリウム・プラウスニッツィイ(大便桿菌)、エウバクテリウム属の細菌などによる発酵・分解を受け、酢酸、プロピオン酸、酪酸などの短鎖脂肪酸がつくられる。

ビフィズス菌は主に酢酸や乳酸を、乳酸菌は乳酸や酪酸を、大便桿菌やエウバクテリウム属の細菌は主に酪酸をつくる。一方プロピオン酸は、他の細菌が産生したコハク酸や酢酸から、バクテロイデス・ウニフォルミスやプレボテラ・コプリなどによって二次的につくり出されるものが多い。

一方、大腸にあるL細胞の細胞膜にはGタンパク質共役受容体(GPCR)があって、これらの中にGPR41とGPR43という遊離脂肪酸受容体(FFAR)がある。そういうわけでちょっとややこしいが、ＧＰＲ41にはＦＦＡＲ3、ＧＰＲ43にはＦＦＡＲ2という別の呼び方もある。ここではＧＰＲ41、ＧＰＲ43としておく。

ＧＰＲ41にはプロピオン酸と酪酸が、ＧＰＲ43には酢酸とプロピオン酸が、主に結びつく。するとそれがシグナルとなってＬ細胞内のＧタンパク質が活性化し、ＧＬＰ-1やＰＹＹの産生を促進するのである。前章で、自閉症スペクトラム障害（ＡＳＤ）とプロピオン酸との関連が疑われることを紹介したが、それを考えるとたいへん興味深い。

Ｇタンパク質共役受容体は、受け取ったシグナルを神経細胞内にあって受容体と結びついているＧタンパク質に伝える働きがある。これによってＧタンパク質が活性化し、さまざまな作用を及ぼすスイッチの役目を果たす。5-ＨＴ$_3$受容体以外のセロトニン受容体も、γ-アミノ酪酸のＧＡＢＡ$_B$受容体や代謝型グルタミン酸受容体もＧタンパク質共役受容体（ＧＰＣＲ、図3-1参照）であり、いずれもＧタンパク質を活性化させてシグナル伝達を行う。

ＧＰＲ41やＧＰＲ43はＬ細胞だけでなく全身の器官や細胞に存在している。東京農工大学の木村郁夫特任准教授らによれば、ＧＰＲ41は交感神経に、ＧＰＲ43は脂肪細胞にとくに多く発現しているという。これらの受容体が血中の短鎖脂肪酸を受け取ると、交感神経ではノルアドレナリンの分泌を促して心拍数、体温を上げ、酸素消費量を増加させ、エネルギー消費量を上昇させる一方、脂肪細胞ではグルコースや脂肪酸の取り込みと脂肪の蓄積を抑える。

つまり、短鎖脂肪酸には肥満を抑える作用があることが示唆されるのである。

酢酸には直接脳に作用する経路もあると考えられている。大腸の酢酸が血液脳関門を通過して脳に現れることがマウスの実験で明らかになっている。脳で酢酸はアセチルＣｏＡに変換され、さらにアセチルＣｏＡからマロニルＣｏＡが合成される。マロニルＣｏＡは、先に書いた摂食行動を抑制するα-メラノコルチン刺激ホルモン（α-ＭＳＨ）の前駆体プロオピオメラノコルチン（ＰＯＭＣ）を増加させる一方、摂食行動を促進するニューロペプチドＹ（ＮＰＹ）やアグーチ関連ホルモン（ＡｇＲＨ）を抑制することから、摂食行動が抑えられるのだろうと推定されている。

胃で産生されるグレリンの減少メカニズムはまだよくわかっていないが、胃のグレリン産生細胞にもＧＰＲ41およびＧＰＲ43があるので、やはり短鎖脂肪酸の血中濃度が上昇することによってシグナルを受け取るのではないだろうか。

一方、強酸性環境の胃に生息する数少ない細菌の１つピロリ菌が空腹ホルモンであるグレリンの産生を抑制していることが、さまざまな研究から明らかになってきている。ピロリ菌は胃潰瘍や胃癌の原因菌とされることから、予防のために除去することは日本でも広く行われるようになったが、その副作用についてはあまり注目されていない。ピロリ菌除去後に体重が増加するケースが多いことは関係者にはよく知られているけれど、その理由も「体調が良くなって食欲が増えた」くらいにしか思われていない。実はグレリンの産生が増えることが、食欲が増す理由の１つではないかと考えられている。

別のアプローチからの研究報告もある。培養器中の大腸菌(図4-4)に養分(餌)を与えると、大腸菌は指数関数的に増殖するが、やがて増えも減りもしない定常状態を迎える。この間大腸菌はさまざまな物質をつくり出すが、増殖期と定常期によって産生物が異なるという。とくに定常期にはカゼイン分解プロテアーゼB(ＣｌｐＢ)というタンパク質(酵素)を集中的につくり出す。

もともとＣｌｐＢは、タンパク質を安定した立体構造に折りたたむ「分子シャペロン」と呼ばれる酵素の一種で、大腸菌に限らず私たちの体内にも豊富に存在し、熱変成を受けて絡み合ったタンパク質をほどいてきちんとたたみ直す働きがある。

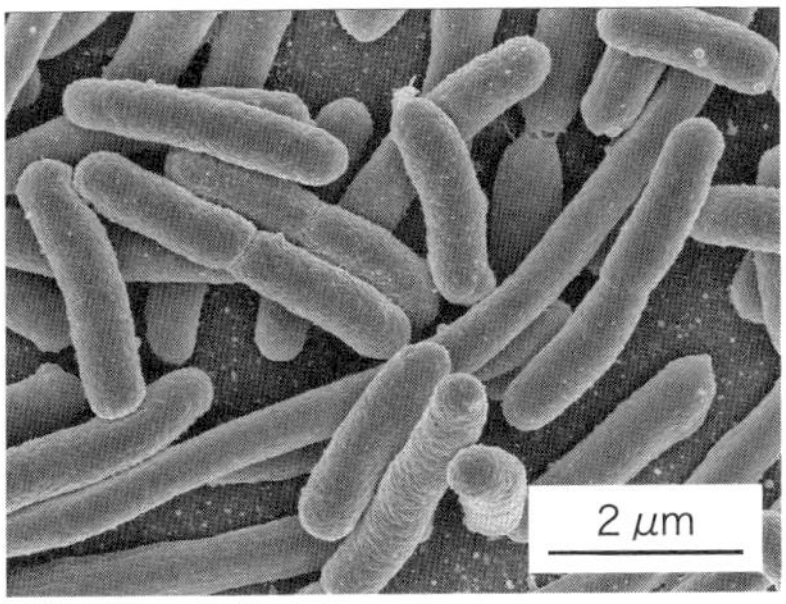

図4-4　大腸菌の走査型電子顕微鏡写真
(出典：Wikimedia Commons, Author: Rocky Mountain Laboratories, NIAID, NIH)

フランス・ルーアン大学の研究グループは、定常期にＣｌｐＢが増えるのは住み着いたホストに何らかの作用を及ぼすためではないかと考えた。そこで彼らは大腸菌がつくり出したＣｌｐＢをラットやマウスに投与してみた。するとラットやマウスの摂食行動が抑制されたのである。同時にラットやマウスの血中ＣｌｐＢ濃度も高まっていた。つまり大腸菌のつくり出した

ＣｌｐＢはホストの体内に取り込まれ、ラットやマウスの脳に満腹信号を伝えているようだ。先に書いたように、視床下部ではα-ＭＳＨが摂食抑制ホルモンとして働いている。このα-ＭＳＨとＣｌｐＢのアミノ酸配列には共通した部分があり、それが何らかのメカニズムを通じて視床下部におけるα-ＭＳＨの働きを促進している可能性が示されている。

レプチンやグレリン、あるいはインスリン、腸管のＧＬＰ-１やＰＹＹ、中枢のα-ＭＳＨ、ＮＰＹ、ＡｇＲＨといった摂食・エネルギー代謝関連ホルモン（または同様の働きをするアゴニスト物質）をつくり出す細菌もいて、私たちの摂食行動やエネルギー代謝の無視できない部分が、実は細菌に支配されている可能性も否定できない。

食の好みも細菌次第

摂食行動だけではない。私たちの食の好みも細菌が操っている可能性が指摘されている。先に書いたように、細菌は種類によって栄養源とするものがそれぞれ異なっている。たとえばプレボテラ属は炭水化物でよく成長するし、ビフィズス菌は食物繊維を分解する。バクテロイデス属は脂肪を好む。中にはアッケルマンシア・ムチニフィラのように、消化管の粘液成分であるムチンを餌にする変わり種もある。前章で紹介したγ-アミノ酪酸（ＧＡＢＡ）だけを栄養源にするエブテピア・ガバボラスのような細菌もいる。

アメリカ・カリフォルニア大学サンフランシスコ校のカーロ・メイリー博士らは、細菌がつくり出す分子が、味覚や快・不快感、内分泌系や免疫系、神経系への働きかけを通じて、私たちの食の好みに影響を与えているという仮説を発表している。ともに暮らしている家族の食や味の好みが似かよっているのも、一概に遺伝や味覚の慣れのせいとばかりはいえないかもしれない。

ともあれ、肥満というのは複雑な要因が絡んで生じる障害であり、カロリー過多だけが肥満をもたらす原因ではないことが明らかになりつつある。その中で太るのは「食べ物が先か、細菌が先か」という問題を立てれば、おそらくそのどちらも正しい、ということになろうか。

これまで見てきたように、満腹感や空腹感とそれに伴う摂食行動は多様な経路と複雑なメカニズムで制御されている。一方で私たちの腸内は小さいながらも1つの複雑な生態系であり、そこでは細菌同士の激しい生存競争が時々刻々展開されている。彼らの生存と増殖は、私たちの取り込む食物に依存しており、互いに競争しながら、あるものは糖質や脂肪を、あるものはタンパク質やアミノ酸を、あるものはホストが消化できない食物繊維やオリゴ糖を、またあるものは他の細菌の代謝物や死骸を栄養源とするように進化してきた。これはまたのちの章で詳しく触れるが、私たちの腸内細菌叢は、私たち人類が食べてきたもの、そしていま食べているものの双方に強く結びついているのである。

ホストや競合細菌・微生物との長い長い共進化の中で、彼らの中に自分たちに有利な形質

＝ホストの食べ物の好みや満腹感、空腹感をコントロールする能力を身につけるものが生まれていたとしても、驚くにはあたらない。からだに悪いとわかっていても食べ続けてしまうのは、あなたの腸内細菌のせいなのかもしれないのだ。だが、それを変えることもできる。

5 善玉菌・悪玉菌と免疫システム

善玉菌・悪玉菌・日和見菌

「腸内細菌」や「腸内フローラ」とともに、最近メディアやネットでよくお目にかかるのが、「善玉菌」や「悪玉菌」という言葉だ。簡単にいえば、腸内にいる常在細菌の中でホストである人間にとって役に立つ細菌が善玉菌。これに対して有害なのが悪玉菌。ところがそう簡単ではない。どの細菌も善なのか悪なのか、有益なのか有害なのか、一概に判断することはなかなか難しいのである。

悪玉菌とは、腸内にいて、ホストのからだに有害となる物質をつくり出すものをいう。それで「腐敗菌」とも呼ばれる。そのような有害物質の中には、癌（がん）を引き起こしたり、老化を促進したりするものもある。

たとえば悪玉菌の代表のようにいわれるウェルシュ菌（クロストリディウム属）には、芽胞をつくる際に毒素を出すタイプがあり、常温で放置された調理食品内部で増殖して食中毒を起

表 5-1　広義の乳酸菌群

門	属(一部は種)	備　考
フィルミクテス門	ラクトバチルス属	狭義の乳酸菌
	ラクトコックス属	ヨーグルト，チーズ
	レウコノストック属	ザワークラウト
	オエノコックス・オエニ	ワインの風味
	ペディオコックス属	ピクルス，ワイン
	エンテロコックス属	高食塩耐性，病原性
	ストレプトコックス・テルモフィルス	ヨーグルト
放線菌門	ビフィドバクテリウム属(ビフィズス菌)	乳児の腸内に優占

こす。一方、同じクロストリディウム属のディフィシル菌は、抗菌剤治療で腸内細菌叢が乱されると異常増殖して毒素をつくり、炎症性の下痢を起こすことがある。

一方、善玉菌としてよく登場するのは乳酸菌やビフィズス菌である(表5-1)。乳酸菌はこれまでも何度も出てきたが、主として乳酸発酵にあずかる細菌群で、狭義の乳酸菌であるラクトバチルス属(乳酸桿(かん)菌)以外に同じフィルミクテス門ラクトバチルス目のラクトコックス属(乳酸球菌)、エンテロコックス属、ストレプトコックス属(連鎖球菌)などを含む。一方、ビフィズス菌は放線菌門に属するビフィドバクテリウム(B)属の細菌群で、とくにB・ビフィドゥムを指す。一般にはビフィズス菌を含めて「乳酸菌」と呼ぶことが多いようだが、分類が大きく離れているので本書では分けて扱う。

乳酸菌は漬物や味噌、チーズ、ヨーグルト、ワインなど発酵食品・飲料の製造に欠かせない細菌であり、ビフィズス菌は母乳に含まれる乳糖やオリゴ糖の分解に関わっている（ビフィズス菌は乳児の便から最初に発見された）。どちらも糖やオリゴ糖などを栄養源に乳酸や酢酸などの短鎖脂肪酸をつくり、腸内環境を弱酸性に保つとともに粘液層を健全に保つ働きをもつとされる。

乳酸菌やビフィズス菌の有益性を示唆する研究結果については、これまでいく度か紹介してきた。たとえば自閉症児の腸内細菌叢でビフィズス菌が減少していたり、乳酸菌の一種ラクトバチルス・ラムノススを与えたマウスでは不安や抑うつ様症状が軽減したり、ファーストフードを食べ続けて体調を崩した学生の腸内ではビフィズス菌が減少したりしていた。乳酸菌やビフィズス菌のつくる短鎖脂肪酸に肥満を抑える作用がありそうだ、ということも前章に書いた通りである。ほかにも、花粉症の症状を緩和する、下痢や便秘を改善する、有害細菌の増殖を抑える、あるいは免疫機能を賦活するなどの効果があるとされる。

たとえば、代表的なチーズやヨーグルトの産生菌であるカセイ（カゼイ）菌（ラクトバチルス・カセイ、カセイはチーズの意）などの乳酸菌に、小腸で免疫応答の制御に関わる器官、パイエル板を通じて免疫機能を活性化させる効果があることがマウスで確認されている。また、レウテリ（ロイテリ）菌（ラクトバチルス・レウテリ）やガセリ菌（ラクトバチルス・ガセリ）は、抗菌性をもつペプチドをつくる。マウスでの研究では、レウテリ菌の投与で視床下部におけるホルモン、オキシトシンレベルが回復し、自閉症様行動が改善されたという報告もある。ビフィズス菌に腸管バリアの修復機能があることも、ヒト結腸癌由来のモデル細胞（Ｃａｃｏ-２

細胞)を用いて確かめられている。

さて、善玉菌と悪玉菌はいずれも腸内細菌を構成する一部にすぎないといわれている。腸内細菌叢の大半を占めるのは日和見(ひよりみ)菌と呼ばれる種々雑多な細菌群だ。日和見菌というと、ふだんは害をなさないがホストの抵抗力が弱まったりしたときに悪さをするニュアンスがあるけれど、有益な作用をもつことがわかってきたものもある。いずれにしても、「善玉」か「悪玉」か、「発酵」か「腐敗」かは、人間側の都合でしかない。そして新しい発見があれば評価も変わるのだ……。

プロバイオティクスとプレバイオティクス

ホストの腸内環境の改善や健康の向上に効果があるとされる細菌の系統(株)を成分に含む飲料や食品が、特定保健用食品や整腸剤(指定医薬部外品)として、市販されている。このように、腸に到達して、その有益な作用をホストのからだに及ぼしてもらおうという目的で「善玉菌」を経口投与することをプロバイオティクスと呼んでいる。国連食糧農業機関(FAO)と世界保健機関(WHO)の合同専門家会議においてプロバイオティクスは「適正な量を摂取したときホストに有用な作用を示す生きた細菌」と定義されている。

プロバイオティクスに利用されている代表的な細菌に、ラクトバチルス属のカセイ菌シロタ株、アシドフィルス菌(図5-1)、ガセリ菌SP株、ラムノスス菌GG株や、ビフィズス菌のアニマリスBb-12株などがある。

プロバイオティクスによく似た言葉にプレバイオティクスがある。こちらは「大腸の有用菌の増殖を選択的に促進し、宿主の健康を増進する難消化性食品」のことだ。「善玉菌の餌」といえばわかりやすいだろうか。

近年になって自己免疫疾患やアレルギー疾患、大腸癌などの有病率が高まっていること、発展途上国より先進国で有病率が高いことなどから、遺伝的要因に加えて環境変化、すなわち衛生環境の改善や食生活の変化が何らかのかたちでこれらの疾患の発症に関わっているとと考えられるようになった。前者は第二次大戦後に先進国でこれらの疾患が増えたことから寄生虫根絶に原因を求める説（清潔パラドックス）で、後者はいわゆるウエスタンスタイル＝欧米型の食生活と腸内細菌との関係が背景にあるのではないかという考えである。

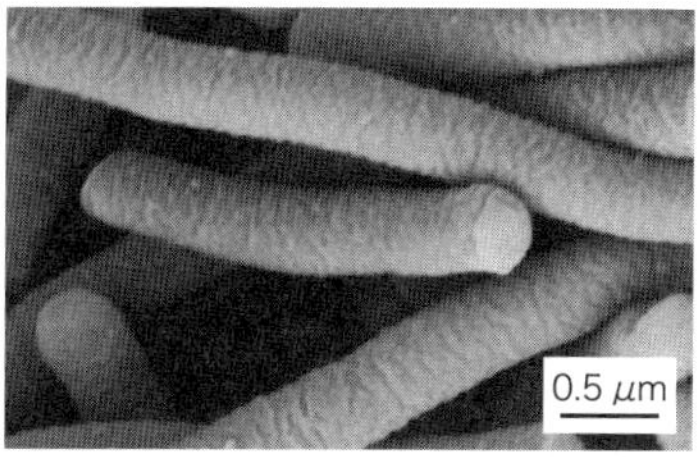

図5-1　プロバイオティクスに利用される乳酸菌の一種ラクトバチルス・アシドフィルスの走査型電子顕微鏡写真
（出典：Wikimedia Commons, Author：Mogana Das Murtey and Patchamuthu Ramasamy）

たとえば、前章のファーストフードの実験でトムが食べたメニューでは、野菜や果物がほぼゼロだった。これらに含まれているもので腸内細菌叢のバランスを維持する上で重要なのが、オリゴ糖や食物繊維のような難消化性炭水化物である。食物繊維には水に溶ける水溶性食物繊維と、溶けない不溶性食物繊維があり、前者の代表的なものがチコリー、タマネギなどに含まれるイヌリンや果物に含まれるペクチン、あるいはコンニャクの成分であるグルコマンナン、後者の代表的なものが植物の細胞壁の構成成分であるセルロースやヘミセルロースだ。

食物繊維に関しては、かつては消化されない「食べ物の滓（かす）」としか考えられていなかった。しかし、腸内細菌がこれを分解し、その代謝物がさまざまな生理作用を及ぼすことがわかってきて、重要な栄養素の1つとして認識されるようになったのである。さらに、乳成分のガラクトオリゴ糖や根菜類に含まれるフラクトオリゴ糖も、腸内のビフィズス菌を育てるとして注目された。

こうした食品成分を摂取して「善玉菌」を育てようというのが、プレバイオティクスなのである。さらにプロバイオティクスとプレバイオティクスを併用する療法はシンバイオティクスと呼ばれる。すなわち善玉菌と同時にその栄養となる成分を摂取することでより効果を高めようというわけだ。

プロバイオティクスにしろプレバイオティクスにしろ、「サプリメント」、「健康食品」レベルの話にとどまらず、肥満・生活習慣病の予防や治療、過敏性大腸炎などの炎症性疾患の治療、手術後の感染予防、アレルギー・自己免疫疾患や癌、精神・神経疾患の治療など、幅広い症例に対して医療現場レベルでの応用研究が進められている。

クロストリディウム属は善か悪か

腸内細菌の主要なグループの1つに、これまでにも何度か取り上げたクロストリディウム属がある。乳酸菌同様フィルミクテス門に属し、腸内にも多くの種類が常在菌として存在しているが、ほとんどは無害な「日和見菌」だとされている。

しかし、中にはセロトニンやγ-アミノ酪酸(GABA)などの産生に関わり、ホストにとって有益な効果を及ぼすものも少なくない。宮入菌(クロストリディウム・ブチリクム・ミヤリ)のように整腸効果や病原菌に対する拮抗作用が認められ、プロバイオティクスとして古くから利用されているものもある。一方で、ウェルシュ菌やディフィシル菌のような「悪玉菌」もある。クロストリディウム属だというだけで、善か悪かを一様に判断することはできない。

最近、このウェルシュ菌に関して興味深い研究結果が明らかにされた。

視神経脊髄炎(NMO)は中枢神経に変成を起こす自己免疫疾患の1つだ。以前は同じ中枢神経系自己免疫疾患の多発性硬化症(MS)の中に含まれていたが、症状や病変が異なり、発症機序も明らかにされてきて、別の疾患と考えられるようになった。

多発性硬化症は、脳、視神経、脊髄の神経線維を覆う髄鞘が炎症によって壊れ、神経がむき出しになって情報伝達がうまくいかなくなる病気で、視力や感覚の障害、運動麻痺、排尿・排便障害などをもたらす。一方、視神経脊髄炎では視神経と脊髄が侵される。その違いは免疫細胞の標的にあった。視神経脊髄炎では、免疫細胞はアストロサイト(星状膠細胞)の細胞膜に存在する、あるタンパク質を攻撃していたのである。

第3章で紹介したように、グリア細胞の1つアストロサイトは、シナプスを支えると同時に脳の血管(細動脈)と神経細胞を仲立ちし、血管壁を通じて血液から脳内(神経細胞内)にさまざまな物質を選択的に取り込む機能をもっている。つまり、血液脳関門は血管壁とそれに接するアストロサイトの細胞膜によって構成されているのだ。エネルギー源となるグルコース、タンパク質の材料であるアミノ酸、情報を伝える神経伝達物質やホルモンを取り込むのも、あるいはブロックするのも、血液脳関門におけるアストロサイトの働きなのである。

視神経脊髄炎の患者の血液からはＮＭＯ免疫グロブリンＧ(ＮＭＯ-ＩgＧ)という自己抗体(自分自身の組織や細胞などの成分に対して産生される抗体)が見つかっている。さらにＮＭＯ-ＩgＧは、アストロサイトの細胞膜にあるアクアポリン4(ＡＱＰ4)というタンパク質に結合することが明らかになった。免疫細胞が標的にしていたのはこのアクアポリン4なのである。

アクアポリンは「水の穴」という意味で、その名の通り細胞内外の選択的水輸送(水チャンネル)を担うタンパク質である(図5-2)。哺乳類には13種類が存在することが知られていて、このうち中枢神経に発現するのはほとんどがＡＱＰ4である。それも、アストロサイトの血管壁との接着部分に数多く存在している。まさに血液脳関門で水をやりとりし、脳内の水バランスを調節しているのがＡＱＰ4なのだ。ＡＱＰ4遺伝子を欠損したマウスでは、脳浮腫や視覚、聴覚などの異常が見られる。あろうことかそんな大事なタンパク質を、免疫細胞は抗原と認識してしまうのだ。いったい、なぜ？

免疫細胞が体内に侵入した細菌やウイルスなどの病原体を抗原として認識するとき、病原体の全体を見ているわけではない。たとえば、自然免疫細胞の1つである樹状細胞が、侵入した病原体を食べた後で抗原として細胞膜表面に提示するのは、病原体由来のペプチドである。ペプチドはアミノ酸が十数個つながったもので、樹状細胞は病原体のタンパク質を分解し、その断片であるペプチドを抗原として提示するのである。侵入した病原体を食べるマクロファージ（大食細胞）や、ウイルス・細菌に感染した細胞や癌細胞を排除する細胞傷害性T細胞（Tc、キラーT細胞ともいう）、免疫細胞を活性化させるヘルパーT細胞（Th）が認識するのも、このペプチドであり、獲得免疫をつかさどるB細胞が産生する抗体も、このペプチドを標的としたものだ。

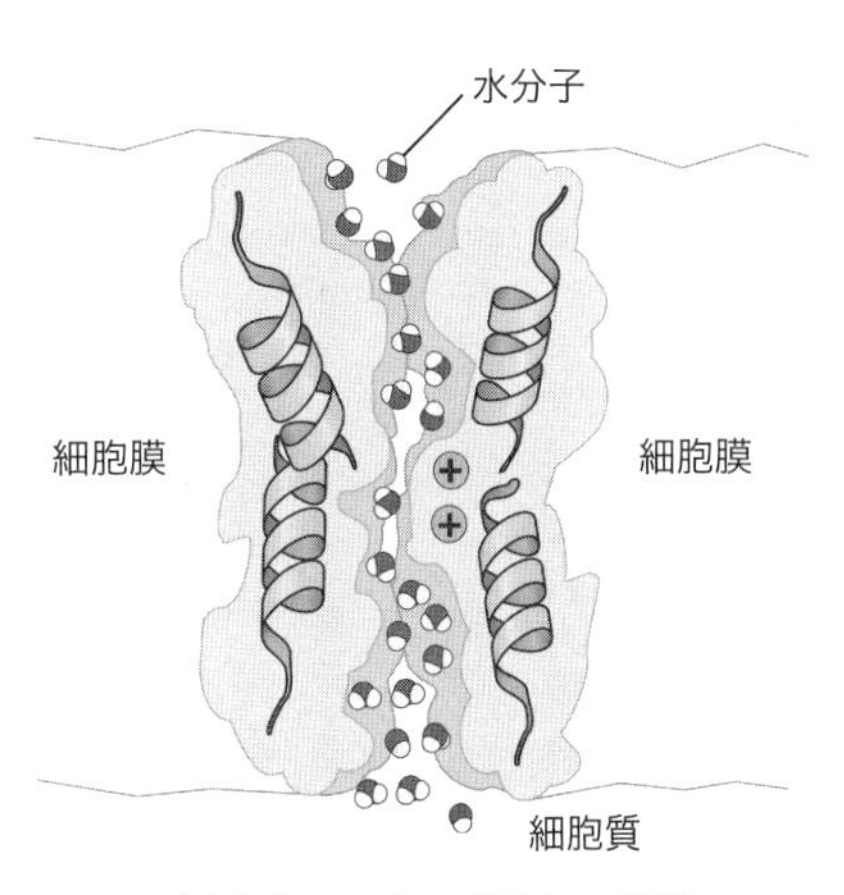

図 5-2　アクアポリンの構造

細胞膜にあり水分子だけを選択的に通過させる.

(原典：スウェーデン王立科学アカデミー；About the Nobel Prize in Chemistry 2003)

もう少し正確にいうと、マクロファージも、T細胞やB細胞もペプチドを抗原として認識する抗原認識受容体を細胞表面にもっている。それぞれの免疫細胞の抗原認識受容体は1つのペプチドにしか適合しないが、体内には1000億種類以上もの異なる抗原認識受容体をもつ免疫細胞が存在するため、どのような病原体が侵入しても、そのペプチドに適合する抗原認識受容体が(ほぼ必ず)ある。適合したペプチドは抗原として認識され、免疫細胞は活性化し、増殖し、抗体を産生する。

視神経脊髄炎患者の血中に見つかる自己抗体NMO-IgGが結合するのも、AQP4そのものではない。細胞膜を貫通して細胞外に露出している部分にあるアミノ酸配列=ペプチドなのだ。

アメリカ・カリフォルニア大学サンフランシスコ校の研究グループは、AQP4のもつ66~75番目のアミノ酸配列=ペプチドが、ウェルシュ菌のABCトランスポーターというタンパク質の207~216番目のアミノ酸配列と90%の相同部分をもつことを発見した。視神経脊髄炎患者のT細胞はウェルシュ菌のABCトランスポーター207~216番目のアミノ酸配列に対して増殖し、増殖したT細胞がAQP4に対して反応を示すことも確認された。

さらに研究グループは視神経脊髄炎患者と健常者の便内細菌を調べ、視神経脊髄炎患者の腸内でウェルシュ菌が異常増殖していることを明らかにした。つまり、何らかの原因により腸内で増殖したウェルシュ菌に対して活性化した免疫システムが、AQP4を攻撃して視神経脊髄炎を発症させている可能性があるのだ。

とすると、やはりウェルシュ菌は悪玉菌であったのか。

後述するように免疫システムには、自分自身の構成分子に対して反応を起こさないしくみが備えられている。しかし、時たまそれが不全を起こすことがある。自分自身の細胞や組織の成分を、侵入した敵のものだと免疫システムが誤認し、攻撃してしまうのだ。それが視神経脊髄炎や多発性硬化症、あるいは潰瘍性大腸炎やクローン病などの自己免疫疾患なのである。つまり、このケースは人間の免疫システム側の問題なので、もしウェルシュ菌が口を利けたらとんだとばっちりだ、というかもしれない。

一方、この研究結果を見る限り、ウェルシュ菌と多発性硬化症の間にはどうも関連はなさそうだ。多発性硬化症で免疫細胞が攻撃するのは、アストロサイトとは別のグリア細胞、オリゴデンドロサイトによって形成される髄鞘である。多発性硬化症については、戦後短期間でマラリアが根絶されたイタリアのサルディーニャ島での研究からマラリア原虫と免疫系との関係が唱えられているほか、やはりディスバイオシスが関わっていることを示唆する研究報告もいくつか発表されていて、何らかの細菌が発症に関与していることが疑われている。

たとえば、アメリカ・メイヨークリニックのアシュトシュ・マンガラム博士らは、多発性硬化症患者の便に、健常者と比べてシュードモナス属、マイコプラナ属、ヘモフィルス属、ブラウティア属、ドレア属の細菌が増加していたという研究結果を報告している。

一方、国立精神・神経医療研究センターの山村隆免疫研究部長らが日本人の多発性硬化症

表 5-2　免疫細胞の種類とその働き

<table>
<tr><th colspan="2">免疫細胞名</th><th>特徴や働き</th><th>分類</th></tr>
<tr><td colspan="2">好塩基球</td><td>数は多くないが，IgE(免疫グロブリン E)抗体を保持することができ，抗原が結合するとヒスタミンなどを放出し，炎症とアレルギー反応に関わる．</td><td rowspan="3">顆粒球</td></tr>
<tr><td colspan="2">好酸球</td><td>食細胞の 1 つで，寄生虫や寄生虫卵を攻撃する．</td></tr>
<tr><td colspan="2">好中球</td><td>食細胞の 1 つ．マクロファージやマスト細胞が出したサイトカインに反応して活性化し，侵入した細菌などの異物を取り込んで処理する．顆粒球の大部分を占める．膿(うみ)は好中球の死骸．</td></tr>
<tr><td colspan="2">マクロファージ</td><td>食細胞の 1 つ．単球から分化し，組織に侵入した細菌，ウイルスなどの異物，死んだ細胞などを片っ端から取り込んで分解するとともに，サイトカインを放出し，好中球や T 細胞を活性化させる．また分解した異物の断片を細胞表面に提示(抗原提示)する．</td><td rowspan="2">単球</td></tr>
<tr><td colspan="2">樹状細胞</td><td>食細胞の 1 つ．単球から分化し，病原体を取り込んで活性化し分解した断片(ペプチド抗原)をナイーブ T 細胞に提示(抗原提示)して分化を促す．</td></tr>
<tr><td colspan="2">マスト細胞
(肥満細胞)</td><td colspan="2">全身の粘膜や結合組織にあって，好塩基球同様 B 細胞が産生した IgE 抗体を保持することができ，これに抗原が結合すると細胞内からヒスタミンなどの化学伝達物質が放出されて炎症性のアレルギー反応を起こす．</td></tr>
<tr><td rowspan="3">T細胞</td><td>ヘルパー T 細胞(Th)</td><td>樹状細胞の抗原提示を受けて CD4 陽性ナイーブ T 細胞から分化する．3 種類が知られ，1 型はマクロファージや細胞傷害性 T 細胞，B 細胞を活性化，2 型は B 細胞と好酸球を活性化させる．17 型は好中球の集積を促進し腸管の上皮細胞に働いて抗菌作用のあるペプチドを腸管内に放出させる．</td><td rowspan="5">リンパ球</td></tr>
<tr><td>細胞傷害性 T 細胞(Tc)</td><td>樹状細胞の抗原提示を受けて(主に)CD8 陽性ナイーブ T 細胞から分化する．ウイルスや細胞内寄生細菌に感染した細胞，癌細胞を攻撃しアポトーシスを引き起こして排除する．キラー T 細胞ともいう．</td></tr>
<tr><td>制御性 T 細胞(Treg)</td><td>CD4 陽性ナイーブ T 細胞由来．自己抗体反応性の T 細胞に先回りして抗原提示した樹状細胞と結合し，免疫反応を抑制するように働く．</td></tr>
<tr><td colspan="2">B 細胞</td><td>リンパ節にあるナイーブ B 細胞が抗原を認識して分化．さらにヘルパー T 細胞によって活性化し，抗体である免疫グロブリンを産生する．獲得免疫をつかさどる．</td></tr>
<tr><td colspan="2">ナチュラルキラー(NK)細胞</td><td>全身を巡回しながら感染細胞や癌細胞を見つけ次第取り除く細胞傷害性リンパ球で，好中球，マクロファージ，樹状細胞とともに自然免疫をつかさどる．</td></tr>
</table>

参考：審良静男・黒崎知博：『新しい免疫入門　自然免疫から自然炎症まで』講談社ブルーバックス，2014 ほか．

患者の便中細菌叢を健常者と比べたところ、細菌叢の多様性については差が認められなかったものの、構成にばらつきが大きく、19種の細菌で減少が、2種の細菌で増加が見られたという。減少していたのはクロストリディウム・クラスターグループⅣと同XⅣaに属する細菌がほとんどであった。XⅣaには前章に出てきた酪酸産生菌であるエウバクテリウム属が、Ⅳには同じく大便桿菌が含まれる（クラスターグループについては第6章で説明する）。

体内の免疫細胞の種類とその働きを表5-2に簡単にまとめた。

腸管免疫システムと腸内細菌の関わり

さて、以前にも書いたように腸は粘膜上皮という薄皮一枚とそれを覆(おお)う粘液だけで、細菌やウイルスなど多種多様な微生物やその代謝物と接しており、その侵入を防ぎつつ必要な栄養素をそれらと見分けて取り込まなければならない。腸は免疫システムの最前線であり、それこそが全身の免疫細胞・抗体の6~7割が腸に存在するゆえんなのだ。神経系が腸から始まったように、個々の分子を判別するセンサーと、そのセンサーに引っかかった分子を速やかに排除するメカニズム=免疫システムは、まさに腸から始まり、腸とともに進化してきたのである。

同時に、個体レベルでも免疫システムは成長とともに腸内細菌の刺激を受けながら発達する。無菌マウスでは、小腸における重要な免疫器官のパイエル板が発達せず数も少ないこと

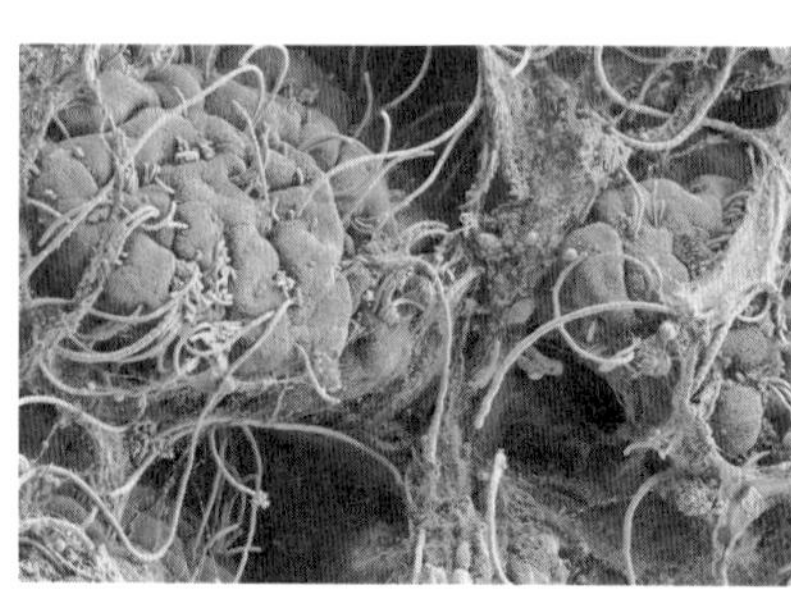

図5-3　小腸上皮に付着したセグメント細菌
提供：コロンビア大学メディカル・センター Ivaylo I. Ivanov 博士
（出典：I. I. Ivanov and D. R. Littman, *Mucosal Immunology*, 3(3), 2009）

がわかっている。ほかにも無菌マウスでは、小腸粘膜にあって免疫グロブリンA（IgA）という抗体をつくるIgA産生細胞や、粘膜固有層（粘膜上皮の内側の層）のヘルパーT17（Th17）細胞も少なく、腸管免疫システムそのものが未発達な状態だ。しかし、無菌マウスに腸内細菌を投与するとこれらの数が回復するのである。しかし、それはどの細菌でもいいというわけではないようだ。

その1つがセグメント細菌という腸内細菌グループである（図5-3）。セグメント細菌は哺乳類はいうに及ばず、鳥類、爬虫類、両生類、魚類、さらには昆虫など、幅広い動物の腸上皮に付着する細長い繊維状の細菌で、アミノ酸合成酵素を欠くなどかなり特異な特徴をもつ細菌群だ。

ヘルパーT17細胞は、比較的最近になって発見されたヘルパーT細胞の1つで、免疫活性物質（サイトカイン）のインターロイキン17（IL-17）や22（IL-22）を産生する。ほとんどが小腸の粘膜固有層にあって、IL-17やIL-22によって腸上皮細胞を活性化させ、免疫機能、バリア機能を高める働きがある。

ヘルパーＴ細胞や細胞傷害性Ｔ細胞は未分化の状態（ナイーブＴ細胞）から、樹状細胞のペプチド抗原提示とサイトカインによる賦活を受けて分化するが、先述のようにヘルパーＴ17細胞は無菌マウスや生まれたばかりのマウスにはほとんど見られないうえ、抗生物質を投与したマウスで激減することから、その分化に腸内細菌が関わっていると考えられていた。それがセグメント細菌らしいということが、アメリカ・ニューヨーク大学や日本の理化学研究所などの共同研究によってわかった。その後マウスやラットのセグメント細菌の全ゲノムを解析したところ、寄生的生活に適応してかなり特殊化してはいるものの、嫌気性発酵や芽胞・鞭毛形成に関わる遺伝子をもっていることから、クロストリディウム属であろうと考えられている。

一方、小腸のＩｇＡ産生細胞は、パイエル板で樹状細胞による抗原提示とヘルパーＴ細胞による活性化作用を受けてＢ細胞から発達する。これにもセグメント細菌が関与しているようだ。これに対して大腸でのＩｇＡ産生細胞の発達には別のクロストリディウム属細菌が関わっているという。どうもクロストリディウム属は善・悪・日和見を簡単に分けられない、多様なグループであるようだ。

制御性Ｔ細胞とクロストリディウム

腸に多く見られる免疫細胞に、制御性Ｔ細胞（Ｔｒｅｇ）がある。

T細胞には、細胞表面にCD4という糖タンパク質をもつCD4陽性T細胞と、CD8をもつCD8陽性T細胞の2種類がある。基本的にはCD4陽性T細胞はヘルパーT細胞(Th)、CD8陽性T細胞は細胞傷害性T細胞(Tc)と考えてよい(ただしCD4陽性T細胞の一部に細胞傷害性T細胞に分化するものがある)。

ヘルパーT細胞はサイトカインを分泌して、マクロファージや細胞傷害性T細胞を活性化させ、さらにB細胞を活性化させて抗体産生を促す作用がある。細胞傷害性T細胞はウィルスや細胞内寄生細菌に感染した細胞、癌細胞を攻撃してアポトーシス*(機能的細胞死)を引き起こす。

1990年代半ばに坂口志文(しもん)博士(現・大阪大学教授)らが、CD4陽性T細胞の中に免疫の調整に関わるものがあることを発見した。これが制御性T細胞である。ここでは詳しく記さないが、Foxp3という免疫反応に関わるタンパク質の発現遺伝子がその分化に関わっていることもわかった。

免疫システムは対象とするペプチドなどの分子(抗原)が自己由来であるかそれとも他者由来であるかを区別し、自己由来分子に対しては応答しないしくみをもっている。これを免疫自己寛容という。たとえば、自己抗原に反応して活性化したT細胞は胸腺で排除されるしくみが備わっている。しかしこのしくみは完璧ではなく、中にはすり抜けてしまうものも出てくる。すり抜けた細胞が増殖すれば自己抗原を異物と認識して排除したり抗体を産生したりすることになる。このようなことにならないよう自己抗原反応性のT細胞に先回りして、反応を抑制するのが制御性T細胞なのだ。

ほかに、腸、とくに小腸には消化した食物の成分を吸収する役目があり、そうした食物成分にまでいちいち反応してしまわないように、「経口免疫寛容」というしくみもある。さらに免疫寛容は腸内常在細菌に対しても働く。要するにいつもいるものにいちいち反応していてはきりがないということなのだろう。腸内常在細菌は免疫反応を起こしにくい構造を備えているともいわれる。むしろ身内と認識しているのかもしれない。ホストと腸内細菌との長い共進化の結果といえるだろう。さらに驚くべき免疫システムと腸内細菌との関係は次章で紹介する。

さて、制御性T細胞は腸に多いだけでなく、無菌マウスではヘルパーT17細胞同様、激減していることがわかっている。このことから、制御性T細胞の分化にも腸内細菌が関わっているのではないかという仮説が立てられた。理化学研究所や東京大学などの研究グループがマウスの常在細菌をしらみつぶしに調べたところ、果たしてクロストリディウム属の細菌がその分化を誘導していることがわかったのである。一方、乳酸菌ではその効果は見られなかった。

どのようにして制御性T細胞への分化が誘導されるのかも、研究グループは明らかにしている。それにはクロストリディウム属細菌のつくる酪酸が関わっていたのだ。複雑なメカニズムをあえて単純化していってしまうと、腸管から吸収された酪酸が未成熟なT細胞のFoxp3遺伝子のスイッチを押すことで、制御性T細胞への分化が進むという。クロストリディウム、恐るべし。

逆にいえば、何らかの原因でクロストリディウム属細菌が減少することが、自己免疫疾患の一因である可能性もある。多発性硬化症患者の便中に、クロストリディウム・クラスターグループXⅣaの酪酸産生菌が減少していたことを思い出してほしい。

一方で、自己免疫疾患の発症にはヘルパーT17細胞の過剰分化が関わっていることも明らかになっている。ヘルパーT17細胞を誘導する細菌にはセグメント細菌以外にもいくつかが知られている。これに対して、私たちのからだにはヘルパーT17細胞の過剰分化を抑えるブレーキ機構も備わっているのだ。

このように免疫システムは、腸内細菌との微妙なバランスの上に成り立っているようである。そのバランスが崩れたときに、免疫異常——病原体や癌細胞への抵抗性の弱まりや逆にアレルギー・自己免疫疾患——を引き起こすのであろう。

*発生過程で不要になった細胞、感染細胞や癌細胞などの異常細胞を取り除くために、細胞自身に備わったメカニズムで、何らかのスイッチが入ることによってタンパク質分解酵素が活性化し、その酵素によってタンパク質が分解されることで細胞死をもたらす。自己抗原に反応する免疫細胞の除去にもこのしくみが働く。

抗生物質と食物アレルギー・肥満の関係

アレルギー疾患も免疫システムの異常によって起こる。とくに腸との関係でいえば、本来免疫寛容が働くはずの食品由来成分に免疫システムが反応してしまう、食物アレルギーがある。乳製品や卵、小麦、ピーナッツやソバなどに食物アレルギーをもつ人は世界中で増えている。アメリカでは1997~2013年の間に5割も食物アレルギー患者が増加したという。日本でも公立小中高校生を対象にした文部科学省の調査で、2004年が33万人だったのに対して2013年には45万4000人に増加した。

同じアレルギー疾患の小児喘息やアトピー性皮膚炎の患者数が最近になって頭打ち、あるいは減少傾向も見られるのと対照的である。データを見る限り日米とも、21世紀になってから食物アレルギーが増加しているようにみえるのだ。

その理由の1つとして、感染症治療のために投与される抗菌剤の影響を指摘する研究者もいる。アメリカでは2歳までの間に平均して3回の抗菌剤投与を受けるという。抗菌剤は病原菌だけでなく腸内細菌にも毒性を示し、ディスバイオシスをもたらすことが知られている。

アメリカ・シカゴ大学のキャスリン・F・ナグラー博士らの研究グループは、成長初期に抗菌剤を投与されたマウスでは、投与されなかったマウスに比べピーナッツ抗原への感受性が高まったことを報告している。投与マウスの便および回腸(小腸下部)の腸内細菌は量・多様性ともに減少し、その構成に大きな変化が見られた。中でも、バクテロイデス属とクロストリディウム綱の細菌がほとんど見られなくなっていた。

無菌マウスでも種々の食物抗原への過敏性が観察されることが知られている。研究グループは、無菌マウスの腸にバクテロイデス(*B*)属の*B*・ウニフォルミスを定着させたマウスと、クロストリディウム・クラスターグループⅣおよびXⅣa、XⅣbを定着させたマウスをつくり、それぞれにピーナッツ抗原を与えてみると、無菌マウスに比べてどちらも感受性が改善したが、とくにクロストリディウムを定着させたマウスで感受性が大きく低下していた。

乳幼児はミルク、離乳食、普通食と、食事内容を変えながら徐々に消化機能、代謝機能、免疫機能を発達させる。とくに免疫機能、そして経口免疫寛容の発達には腸内細菌の関与が大きいはずだ。食物アレルギーの増加に、抗菌剤投与が関わっているという仮説には説得力がある。

人間でも、乳幼児期に抗菌剤を使用すると、のちに糖尿病や喘息などの代謝性疾患・アレルギー疾患を発症しやすいことが、疫学調査によって示されている。アメリカ・ミネソタ大学のダン・ナイツ博士は、抗菌剤によって腸内細菌叢のバランスが崩れることがその原因だと考えている。代謝機能や免疫機能の発達時期に、その形成に重要な役割を果たす細菌が抗菌剤によって失われてしまうことで、疾患を引き起こしやすくなるのだという。

本人の抗菌剤使用にとどまらない。スペインやアメリカの研究グループは、出産時の感染を防ぐために母親に予防的に投与される抗菌剤が、新生児に影響を与え将来的にさまざまな疾患の原因となる可能性を指摘している。

実は前章でテーマにした肥満にも、抗菌剤が関係している可能性があるという。アメリカ・ニューヨーク市立大学のマーチン・ブレイザー博士らの実験では、出生後4〜8週間、低量のペニシリンを継続的に投与されたマウスでは腸内のラクトバチルスなどの「善玉菌」が減ってしまう。ただその状態は数週間で元に戻る。ところが、10週間後、高脂肪食を与えたマウスは、同じ餌を与えたペニシリン未投与マウスに比べて、2倍もの脂肪を蓄えたというのだ。一方、ペニシリンを投与されたが通常食を食べたマウスには変化は見られなかった。この結果が人間にも当てはまると結論づけることは早計だが、最近の肥満の増加傾向も乳幼児期の抗菌剤投与と無縁ではなさそうだと、ブレイザー博士らはいう。

病原菌感染治療に用いられる抗菌剤ばかりではない。私たちは食べ物を通じても抗菌剤にさらされている。家畜の飼料に混ぜて抗菌剤が与えられているのである。抗菌剤には家畜の成長促進作用があるのだ。いってみれば意図的に家畜の腸内細菌叢にディスバイオシスを引き起こすことで、肥満させるのである。なので正しくは肥満促進作用というべきか。しかし、抗菌剤を多用すると抗菌剤の効かなくなる薬剤耐性菌の出現をもたらすばかりでなく、肉に微量に含まれる抗菌剤が食べた人の腸内細菌叢に影響を与えるおそれがあると指摘する研究者もいる。

抗菌剤(抗生物質)によって結核やコレラ、赤痢をはじめとする細菌感染疾患が激減し、多くの人命が救われてきたし、いまも救われている。その恩恵は計り知れない。しかし、その過度な使用は薬剤耐性菌を生み出し、また腸内細菌叢を乱すことで別の健康問題を生み出していると考えられるようになってきた。抗菌剤の過度な使用を見直すべきだという議論が始まっている。

大腸癌と2つの制御性T細胞

数ある癌の中で腸内細菌との結びつきが強いと考えられているのが大腸癌(結腸癌・直腸癌)である。これも先進国で近年増加している疾患の1つだ。これにもやはりディスバイオシスが関わっているという研究が出てきている。

ニューヨーク大学医学部のジョン・アン博士らが大腸癌患者141名の便を調べたところ、健康な人の便と比較してフソバクテリウム属が増え、クロストリディウム属が減っていたという。

このフソバクテリウムが、制御性T細胞を通じて大腸癌の発症・進行や抑制に関わっていることを明らかにしたのは、大阪大学の坂口志文教授らの研究グループである。制御性T細胞は癌細胞に対する免疫反応も弱めてしまう。しかし、坂口教授らは、これまで制御性T細胞と考えられていた免疫細胞の中にFoxp3タンパク質の発現の弱い細胞群が存在することを発見した。このFoxp3弱発現T細胞は免疫抑制能をほとんどもたず、この細胞が癌組織に入り込んでいると逆に免疫反応を亢進させるという。

さらにその引き金を引くのは、アン博士らの研究で大腸癌患者の便に増えていたフソバクテリウム属の細菌であることがわかった。フソバクテリウムは癌組織に付着し炎症を引き起こす。このとき、インターロイキン12A（IL-12A）などのサイトカインが増え、それがFoxp3弱発現T細胞の発達を誘導し、免疫機能が強化されるのだという。もしかすると、アン博士らの研究グループが見たのは原因ではなくて結果だったのだろうか？

フソバクテリウムは歯周病の原因菌の1つでもある。「悪玉菌」もなかなか奥が深い。

6 腸内細菌を解明する

文明未接触の種族

2008年、ベネズエラ南部の山地上空を飛んでいた軍用機が、先住民族ヤノマミ族のこれまで知られていなかった集落を発見した。ヤノマミ族は、ブラジルからベネズエラにかけてのアマゾン川流域に広がる密林地帯で、数多くの部族や氏族に分かれて狩猟採集や粗放的な農業を営んでいる。その中にはいまだに西洋文明と接触していない集団もあるのだ。その集落もそうした集団のものである可能性が高かった。

アメリカ・ニューヨーク市立大学医学部のマリア・ドミンゲス・ベロ博士は、この発見の報を聞いてベネズエラ政府に研究許可申請を行った。彼らが文明と接触してしまう前に、サンプルを手に入れる必要があったからだ。そのサンプルとは、彼らの体内や体表の常在細菌だ。もし文明世界の薬や食料を彼らが口にしたら、彼らのもつ細菌叢が変わってしまうにちがいない……。

翌年、この集落に住む人々から便、口腔、皮膚の細菌サンプルを入手したベロ博士らは、驚くべき発見をする。その発見についてはのちほど書くとして、現代文明と無縁の生活を送る人々の細菌叢、とりわけ腸内細菌叢を調べることに、どんな意味があるのだろうか。

これまでにも述べたように、私たちの腸内細菌叢は、人類が食べてきたもの、そしていま食べているもの双方に結びついている。精製され調整された食物が安定的に摂取できるようになったのは、先進国でもここ100年以内のことだ。ホモ・サピエンス（現生人類）が誕生してから15〜20万年とされる（最近30万年前のホモ・サピエンスとされる化石人骨が報告された）。その期間のほとんどを、私たちの祖先は狩猟採集によって暮らしてきたのである。もちろん、それ以前の化石人類時代も。

人類本来の細菌叢とはどのようなものか、アフリカで誕生したといわれる現生人類の始祖、ミトコンドリア・イブやY染色体アダムは、いったいどのような細菌叢をもっていたのか？細菌学者ならずとも興味が湧くではないか。それと同じとはいわないが、それに近いものをもっていると考えられる人々が狩猟採集民なのである。

アフリカ狩猟採集民の腸内細菌叢

これまでにも書いたように、現代病といわれるような肥満や代謝異常（メタボリック・シンドローム）、あるいはアレルギー・自己免疫疾患が先進国や都市住民の間で増えている。一方でこうした異常や疾患は発展途上国では比較的少ない。とくに伝統的な狩猟採集民にはほとんど見られないのだ。その原因を腸内細菌レベルで解明しようといくつかの調査が実施されている。

ドイツのマックス・プランク進化人類学研究所のシュテファニー・シュノーア博士らがターゲットにしたのは、アフリカ・タンザニアの狩猟採集民族ハッザ族である(図6-1)。ハッザ族は人類揺籃の地、大地溝帯に位置するエヤシ湖周辺のサバンナに暮らす、初期ホモ・サピエンスの系統を受け継ぐともいわれている人々だ。小規模な集団で移動しながら、男たちは弓矢やナイフで獲物を追い蜂蜜を採り、女たちは木の実や根茎を集める。ただし彼らは文明との交流を拒んではいない。貨幣はもたないので衣服や装飾品、鍋のような調理器具などは物々交換で手に入れる。

図6-1　弓と獲物を手に狩りからキャンプに戻るハッザ族の男性
(出典：Wikimedia Commons, Author: Andreas Lederer)

マックス・プランク研究所の研究グループは、狩猟採集生活を送るハッザ族の27名から便をサンプリングして、その中に含まれる細菌種を解析し、対照としてイタリア人16名のものと比較した。その結果、ハッザ族はイタリア人に比べて腸内細菌の多様度が高く、門レベルでは平均してフィルミクテス門が優占していたことは同じだが、バクテロイデス門の比率が高く、その中でもプレボテラ属の細菌が、またイタリア人の腸内細菌叢にはあまり、あるいはほとんど見られないプロテオバクテリア門やスピロヘータ門の細菌が高い割合で確認された。一方で、イタリア人に見られる放線菌門の細菌はハッザ族の便からほとんど検出されなかった。

放線菌門の腸内細菌といえば「善玉菌」の代表ビフィズス菌だが、ハッザ族の腸内細菌叢にはこのビフィズス菌が欠けていたのである。その代わりイタリア人にはほとんど見られないスピロヘータ門のトレポネーマ(*T*)属が検出された。トレポネーマ属には梅毒原因菌*T*・パリドゥムが知られているが、腸内に見られるものはほとんど「日和見菌」と考えられている。一方で、トレポネーマ属にはセルロースやヘミセルロースのような不溶性食物繊維を加水分解する細菌もあるのだ。

プレボテラ属も同様に食物繊維の分解にあずかっており、植物性の食品が中心の食生活を続けると腸内にプレボテラ属が増加するという報告がある。もちろん狩猟採集民が摂取する野生植物、とくに根茎には、食物繊維が豊富に含まれる。

一方で、フィルミクテス門に属するクロストリディウム属の細菌構成も、ハッザ族とイタリア人では大きく異なっていた。ハッザ族では、酪酸を産生するクロストリディウム・クラスターグループⅣと同XⅣaが減少しており、代わって未分類のクロストリディウム目細菌、同じくクロストリディウム目のルミノコックス科細菌が見られた。ルミノコックス類は草食動物の消化管内共生細菌として知られ、やはりセルロースなど不溶性食物繊維を餌としている。

つまりハッザ族の腸内細菌叢構成は、食事内容、とくに食物繊維の多さを強く反映したものになっているのだ。

一方、J・クレイグ・ヴェンター研究所（アメリカ・ロサンゼルス）のアンドレス・ゴメス博士らは、中央アフリカ共和国の熱帯雨林地帯に住む狩猟採集民バアカ族の便細菌叢を調べている。バアカ族は野生動物や昆虫、魚、蜂蜜、木の実や葉、根茎を主な食料源としている一方、近隣の部族（バントゥー族）から物々交換で野菜や穀類などを手に入れることもある。

ゴメス博士は当初バアカ族のガイドを雇い、当地の野生ゴリラ集団の便細菌を調査する計画だった。ところが現地に赴いて実際にバアカ族の暮らしを見て考えを改めた。彼らの生活には、ほとんど西洋文明の影響がなかったからだ。そこで彼らはバアカ族と、同じ地域に暮らす農耕民族で西洋式ライフスタイルも一部取り入れているバントゥー族の便細菌を比較することにした。同時に、両者をアメリカの「ヒト細菌叢計画（ＨＭＰ）」（後述）のデータとも比較した。

集めた便サンプルはバアカ族28名、バントゥー族29名で、ともに細菌叢にはフィルミクテス門とバクテロイデス門が優占していたが、その比率はバアカ族は１：１、バントゥー族は

5：1と大きく異なっていた。そしてバアカ族の便からは光合成細菌であるシアノバクテリア門、ハッザ族にも見られたスピロヘータ門の細菌が見つかったのだ。もう少し詳しく見ると、やはりプレボテラ属やトレポネーマ属が多く見られたのである。

一方、バントゥー族の便からは放線菌門の細菌、つまりビフィズス菌が高い割合で見つかった。バントゥー族の腸内細菌構成は、他の伝統的農耕民族のものと大きな違いはなかった。

アメリカ人の腸内細菌叢データと比較すると、バアカ族・バントゥー族の細菌叢との間には大きな開きがあり、アメリカ人の腸内細菌叢はもっとも多様度が低いことがわかった。しかし、バアカ族にあってバントゥー族にない細菌もあり、バントゥー族の細菌叢は中間型の特徴をもっていた。そして、バアカ族の細菌叢がもっとも多様度の高いものだったという。

「バアカ族の腸内細菌叢は、むしろ野生霊長類のものとよく似ている」とゴメス博士はいう。アメリカ人やバントゥー族は精製された食品を食べ、抗菌剤（抗生物質）を摂取するのに対し、バアカ族は繊維質の豊富な植物食が中心で薬も飲まない。腸内細菌叢には、やはりライフスタイルと食事内容が色濃く反映されているのだ。

見つかった抗菌剤耐性遺伝子

ところで、故郷アフリカを出て、数万年のはるかな旅の果てにたどり着いた南米のジャングルで、文明との接触を避け独自のライフスタイルを守ってきた先住民ヤノマミ族の腸内細菌叢はどのようなものだったのか。

　まず特筆すべきは、アフリカの狩猟採集民ハッザ族やバアカ族同様、ヤノマミ族の皮膚、口腔、腸内の細菌叢とも、それまでに報告されていたいずれの国や民族のものと比べても、多様性に溢(あふ)れていたことだ。とくに腸内細菌叢の多様度は、先進国（アメリカ人）はもとより、やはりベネズエラ南部の密林地帯に住みながらも西洋文明を一部取り入れたグアイーボ族やアフリカ・マラウイの先住民族と比べても、かなり高かった。アメリカ人と比べると、ヤノマミ属の腸内細菌叢にはプレボテラ属が多く、バクテロイデス属が少ないという特徴があったが、こうした傾向はグアイーボ族やマラウイ先住民、そしてアフリカの狩猟採集民族ハッザ族やバアカ族とも共通している。アメリカ人など先進国住民には見られない、ヘリコバクター属やオキサロバクター属、スピロヘータ属の細菌も確認された。

　地理的にも人種的にも大きく離れているにもかかわらず、先のアフリカと南米の狩猟採集民族の間で腸内細菌叢の構成に共通性が見られるのは実に興味深い。農耕開始以前の現生人類の腸内細菌叢も、このようなものだったのだろうか。そして、その細菌叢を保ったまま人類は、はるかなる旅をしたのだろうか。

　さて、そろそろベロ博士らの驚くべき発見のことを紹介しなければならない。ヤノマミ族の腸内細菌に含まれる大腸菌のＤＮＡを調べると、28種類の抗菌剤耐性遺伝子が見つかったのである。その中には合成抗菌剤、それも１９９０年代に登場した第4世代セファロスポリンに抵抗性をもつものもあったのだ。最初に書いたように、このヤノマミ族の集団はそれまで西洋文明に接したことがなく、したがって抗菌剤の含まれる薬も、食べ物や水も口にしたことがない。

ではどこからか、薬剤耐性遺伝子をもつ大腸菌がこの集団の移動経路に侵入してきたのだろうか？　それはどうも考えにくいと、研究グループの1人セントルイス・ワシントン大学（アメリカ・ミズーリ州）のゴータム・ダンタス博士はいう。代表的な生物由来抗菌剤（抗生物質）であるペニシリン（アオカビが産生）やストレプトマイシン（放線菌のストレプトミケス・グリセウスが産生）をはじめ、抗菌作用のある化学物質は自然界には数多くある。まだ発見されていないだけで、その中には合成抗菌剤と似た構造をもつものもあるのだろう。そうした多種多様な天然の抗菌物質に長く繰り返しさらされてきた結果、ヤノマミ族の腸内細菌はそれらに対応するように進化（耐性を獲得）してきたのではないか、ダンタス博士はそのように推測する。

このヤノマミ族集団を診察した医療チームによると、彼らには多くの寄生虫がおり、一方で自己免疫疾患や高血圧、心疾患は見られないという。ヤノマミ族の便から見つかったオキサロバクター属の細菌は、シュウ酸を分解しエネルギーとして利用している。シュウ酸は野生植物に多く含まれるが、多量に摂取すると血液中でカルシウムと結合してカルシウム濃度を下げてしまうし、尿路結石の原因にもなる。オキサロバクター属の細菌がいることで、シュウ酸の毒性を低下させることができるのではないだろうか。

私たちの祖先が保持してきた、さまざまな機能をもつ多様な腸内細菌群は、「文明化」以後次第に失われてきたのだろう。ヤノマミ族の腸内細菌叢はまさに「生きた化石」のように見える。

新生児の腸内細菌の由来

私たちの腸内に100兆〜1000兆もの数が生息するという腸内細菌。その定着は、母親の胎内からこの世に生み出されるときから始まる。

子宮内で羊膜に包まれて育つ胎児は基本的に無菌状態にある。新生児は最初の細菌を、母親の産道を通過するときに受け取るのだ。産道、つまり膣内はラクトバチルスなどの乳酸菌が優占し、膣内を酸性に保って雑菌の侵入・繁殖を防いでいる。そこをくぐり抜けるのだから新生児の体表は当然乳酸菌まみれになる。取り上げられた新生児は、母親の手に抱かれ、キスされ、その乳を含む。こうして母親の体表や口腔内にいる細菌も取り込むことになる。

それればかりではない。実は母乳には多くの細菌が含まれているとスペインの研究グループが報告している。研究グループが出産直後の初乳、出産1か月後、同6か月後の母乳中のDNAを分析したところ、初乳からは700種類以上の細菌が見つかった。さらに選択帝王切開(手術日を決めて行う帝王切開。予定帝王切開ともいう)で出産した母親の初乳には、自然分娩の母親の初乳に比べて、細菌の種類が少なかったという。陣痛後に行った帝王切開の場合には自然分娩と大きな差がなかったことから、母親の内分泌系の状態や陣痛のストレスが何らかのかたちでこの違いをもたらしているのではないかと彼らは考えている。

出産後数日～1週間程度の間に分泌される初乳には、母親由来の抗体＝免疫グロブリンが高濃度に含まれることが知られている。これによって新生児はさまざまな感染症から守られるわけだが、その初乳の中に細菌が含まれているということにどういう意味があるのか。実はこれらの細菌のほとんどは、腸内常在細菌なのである。以前にも書いたように、出生後から私たちの免疫システムは腸内細菌との相互作用によって発達していく。初乳に含まれる腸内細菌は、新生児の免疫システムの発達にも不可欠な役割を果たしているようだ。

スペインの研究グループ以外にも、母乳に含まれる細菌＝母乳細菌叢に関してさまざまな研究報告がなされている。報告によってばらつきがあるが、その主なものは、ラクトバチルス属やストレプトコックス属、エンテロコックス属などの乳酸菌類、クロストリディウム属、スタフィロコックス属、そしてビフィズス菌などだ。

それにしても、母乳にはなぜこれだけ多くの細菌が含まれているのか。

一部の細菌は、乳首に吸いついた新生児の口腔から乳管・乳腺に移行すると考えられている。新生児は乳酸菌まみれで生まれてくるので、母乳に乳酸菌が含まれることはうなずける。他には口腔や皮膚と腸内の両方に常在する通性嫌気性細菌もある。

しかしそれだけでは説明できない細菌も存在する。たとえば偏性嫌気性で、耐久性のある芽胞もつくらないビフィズス菌だ。ビフィズス菌は、国や人種を超えて健康な母親の母乳から見つかっている。こうしたことから「母乳細菌」の少なくとも一部は、外部からの混入ではなく、乳腺にもとからあったものではないかと考えられるようになった。妊娠期を通じて調べると、乳腺の細菌は出産3か月前から増え始めて分娩数日前にピークを迎える。その後、緩やかに減って、断乳すると急速に減少し、母乳を分泌しなくなると消えてしまうという経過をたどる。

これは何を意味するのだろうか？　この説明に、「腸-乳腺経路」の存在を想定するのは、スペイン・マドリッド大学のファン・ロドリゲス博士だ。母乳細菌のうちあるものは、母親の腸内細菌に由来するというのである。

ロドリゲス博士は、腸内の免疫細胞（樹状細胞やマクロファージ）が一部の「善玉菌」を取り込んで、リンパ系や血管系を通じて乳腺に届けるしくみを想定している。小腸上皮では、樹状細胞が突起を管腔内に伸ばして細菌を捕捉し、パイエル板にあるM細胞が触れる細菌などの抗原物質を片っ端から取り込んでマクロファージやB細胞に受け渡している。本来は、病原菌や異物を取り込んで分解してしまう樹状細胞やマクロファージが、「善玉菌」を大事に包み込んで乳腺まで届けるというのだ。

このようにして届けられた母親の腸内「善玉菌」は、母乳を飲んだ赤ちゃんの腸に住み着き、次第に安定した細菌叢をつくり上げると同時に、その免疫システムを発達させていく。母乳には赤ちゃんの栄養だけでなく、「善玉菌の餌」となるオリゴ糖もたっぷりと含まれている……。

「腸-乳腺経路」についてはいまのところ仮説にとどまっているものの、さまざまな報告から、存在する可能性は高いと考えられる。免疫細胞の関わるメカニズムはともかく、免疫系を通じた腸内細菌の輸送経路が体内に実際にあるとすれば、腸内細菌叢とは私たちのからだと一体となった存在、いわば器官やシステムの一部のようなものといえないだろうか。腸内細菌叢が「もうひとつの臓器」と呼ばれるのも、もっともなことである。

仮説の可否はともあれ、赤ちゃんは長い人生の始まりにおいて、母親からさまざまな細菌を受け継ぐ。自然分娩と母乳、とくに初乳は、赤ちゃんの健全な腸内細菌叢の形成と免疫系の発達にとって重要な役割を果たしていたのである。

メタゲノム解析が明らかにする全体像

さて、ここまで本書では腸内細菌に関するさまざまな研究報告を紹介してきた。それがこれほどまでに詳しく調べられるようになったのは近年のことである。そもそも細菌やアーケア(古細菌)は単離培養が困難なものがほとんど。腸内細菌も多くは偏性嫌気性であり、しかも複雑な共生関係の中で生きているため、便の中から分離して培養するのが難しいものが多く、かつて知られていたのは大腸菌など好気性や通性嫌気性で単離培養しやすい、一部の細菌に限られていた。

そこで、細胞質内の遺伝情報翻訳機であるリボソームに存在する16SというRNA領域(16SrRNA)の塩基配列(結合順序)を細菌の系統解析に用いるようになった(16SrRNA系統解析)。16SrRNAからその雛形である16SrDNA領域の配列が特定できる。16SrDNA領域は約1500の塩基で構成され、変異速度が比較的遅いことが知られており、同一種では一致率が高い。これによって特定された遺伝子配列の近い分類群をクラスター(グループ)という。これまで何度か「クロストリディウム・クラスターグループ」として登場してきたのはこの16SrDNA領域による分類群である。

ただしこの解析手法では細菌の系統はわかっても遺伝子の全体像やそれらの機能まではわからない。

そこにメタゲノム解析(メタゲノミクス)という研究手法が登場して状況が大きく変わった。「メタゲノム」とは、環境中にある遺伝子のプールのことで、それを丸ごと対象にするのがメタゲノム解析だ。このコンセプトがはじめに提唱されたのは1990年代後半だが、2000年以降、解析技術が開発され、急速に発展してきた。

メタゲノム解析に用いられる解析装置が、ゲノム・シークエンサーだ。遺伝子のDNAを構成する塩基配列を自動的に解読するとともに、その膨大な情報を処理する。次世代ゲノム・シークエンサー(NGS)では、DNAを増殖させずに配列を断片として読み取り、それをもとに全体を再構築するという方法をとる(ショットガン法)。もちろん大型コンピュータの情報処理能力なくしては解析は不可能である。さらに既知の細菌・アーケアのデータベースと照合することで菌種や菌株を特定できる。特定できないまでも大まかなグループはわかる。また相互の比較も可能である。

かつてのシークエンサーは解読に時間がかかりコストも非常に高いものだった。ところが2005年にそれまでの100倍以上の解読速度をもつ次世代シークエンサーが開発されると、次々と競うようにより高速なシークエンサーが登場し、いまや旧世代シークエンサーの100万倍ものスピードで解読が可能となっている。それに伴い検体あたりのコストも急低下した。

メタゲノム解析ではたとえばある土壌や水域からサンプル(土や水)を集め、その中に含まれる細菌、微生物から動植物に至るまでのDNAをすべてリストアップしていく。この手法を応用できるようになったことで、腸内細菌叢研究は飛躍的に発展したのだ。本書で紹介してきた研究の多くにも、メタゲノム解析が用いられている。

2004年からは「ヒトメタゲノミクス」の議論が始まり、実際にアメリカでHMP、ヨーロッパではメタHITという国家規模の研究プロジェクトがスタートした。これらは互いに連携し、人間の腸内細菌の一大データベース構築をめざしている。

このデータベースが充実すればするほど、さまざまな応用が展開できると考えられる。たとえば自己免疫疾患など、ある疾患に関わる細菌や細菌構成、あるいは機能遺伝子が特定できるかもしれない。肥満や老化をもたらす細菌や細菌構成も突き止められる可能性がある。治療法や医薬品の開発に飛躍的進歩をもたらすと期待されているのだ。ゲノム情報から病気の原因となる遺伝子や関連タンパク質を突き止めて薬剤を開発するゲノム創薬や、患者特有の遺伝子構成に合わせた治療を行う個別化治療が注目されているが、そこに腸内細菌叢の情報も加えたオーダーメイド医療も可能になるかもしれない。

日本では、早稲田大学理工学術院の服部正平教授（東京大学名誉教授）らが、２００４年から世界に先駆けて日本人13人の腸内細菌叢を解析し、その研究成果を２００７年にＤＮＡリサーチ誌に発表した。ただし、これ以後は日本の研究体制は欧米に比べ後れをとってしまった。２０１４年に東京工業大学に広範な産官医学連携による「日本人腸内環境の全容解明とその産業応用プラットフォーム（ＪＣＨＭ）」（代表：山田拓司東工大生命理工学院准教授）が設立され、また２０１６年になってようやく国立研究開発法人・日本医療研究開発機構が主管する国家プロジェクトとして研究が進められることになった。

国家予算を潤沢につけたアメリカやヨーロッパでは、研究も進み多くの論文も出ている。ＨＭＰやメタＨＩＴは、単に腸内細菌叢の全貌を明らかにしようという研究にとどまらず、それがさまざまな疾患とどのように関連しているかを解明し、新たな治療法の開発や創薬に結びつけようという研究開発プロジェクトなのだ。アメリカではＨＭＰが先鞭をつけることで２０１１年以降民間の投資が活発になり、すでにいくつかのベンチャー事業も動き出しているという。

先行しながら追い抜かれたかたちの日本だが、この分野をリードしてきた服部教授はいう。

「日本は一周遅れになったが、ものは考えよう。どうやら腸内細菌は即創薬に結びつく可能性が高まってきている。たとえば炎症を抑える機能をもつ細菌を狙い撃ちして特定し、分離する、そうした手法は日本が長けている。最終ゴールに向かうには有利なところにいると思う」

日本人の腸内細菌叢の特徴

各国のメタゲノム・プロジェクトの成果は少しずつ明らかにされ、国ごとのデータベースとして積み上げられている。その中ではユニークな細菌も見つかっている。たとえば２０１２年から始まったベルギーの「フランドル腸内細菌叢プロジェクト（ＦＧＦＰ）」では、１１００人以上の便サンプルを解析し、ベルギー人の腸内細菌叢の特徴とライフスタイルとの関連を明らかにしたが、その中でカカオ分の多いダーク・チョコレートを好む細菌が発見されたと話題になった。研究者らはユーモアを込めて「ベルギー・チョコレート効果」と呼んでいる。

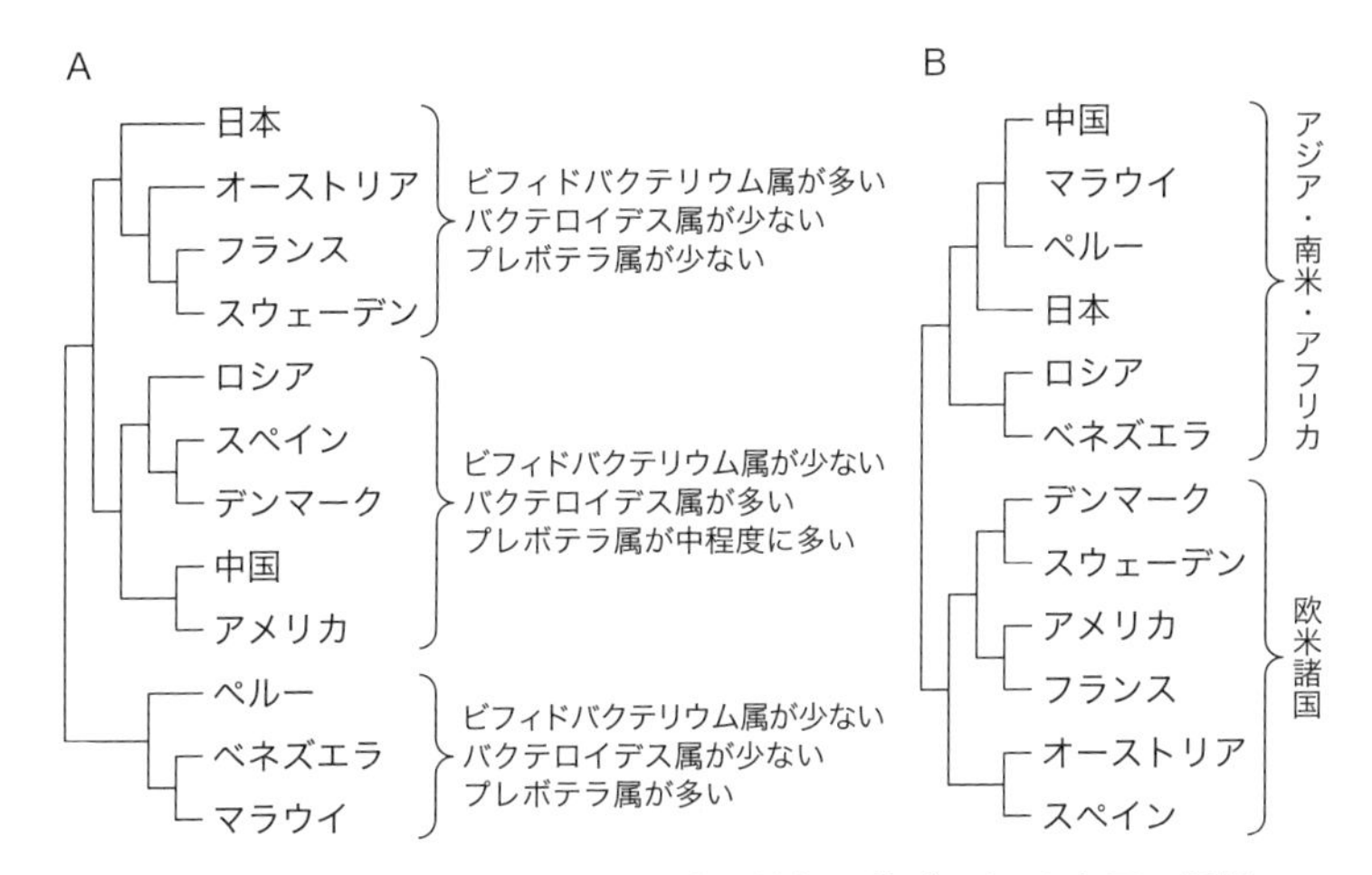

図 6-2　腸内細菌叢の菌種組成と食事情報に基づいた 12 か国の関係
A：菌種組成（属レベル）に基づいた 12 か国の関係
B：食事情報（FAO の食料情報統計による）に基づいた 12 か国の関係
（出典：服部正平・西嶋傑：糖尿病診療マスター，15(6)，2017）

服部教授らの研究グループが2016年に発表した、日本人106人（平均年齢32歳）を対象にした研究では、アサクサノリやスサビノリなどのもつ多糖類ポルフィランを分解できる酵素、ポルフィラナーゼの遺伝子が見つかった。9割の日本人の腸内にこの遺伝子が見られるという。もともとは海藻についていた細菌がもっていた酵素をつくる遺伝子が、腸内細菌に取り込まれたと考えられている（この現象を遺伝子の水平伝播という）。こちらはいわば「スシ効果」ともいおうか。

同研究では、比率にばらつきはあるものの、日本人の腸内細菌叢には、フィルミクテス門、放線菌門、バクテロイデス門、プロテオバクテリア門の4

つの門でほとんどが構成され、属のレベルではビフィドバクテリウム属(ビフィズス菌)、ブラウティア属、バクテロイデス属、エウバクテリウム属、クロストリディウム属などが優占菌であった。また機能レベルでは、炭水化物代謝がもっとも優勢だった。これは日本人の食事が炭水化物中心であることを反映しているという。

服部教授らはさらに、得られたデータを海外12か国の既知の細菌叢データと比較した(図6-2)。その結果は少し意外なものだった。日本人の腸内細菌叢は、オーストリア人やフランス人、スウェーデン人と似ていて、地理的にも近く食事内容も似ている中国人とは大きく離れていた。中国人はむしろアメリカ人と近かったのだ。このように食事データでは説明できない何らかの要因があると、服部教授らは考えている。

人類の進化は腸内細菌とともに

先に書いたように、最初の腸内細菌は母親の産道で獲得し、次に母親の体表や乳房、そして母乳などから新生児の体内に入ってくる。さらには新生児に触れた家族や新生児が触れたベッドや布団や床などからも細菌は侵入する。食事もミルクから離乳食になり、普通食になると取り込む細菌も変わってくる。はいはいをするようになり、さらに歩けるようになって活動範囲が広がれば、その先々で触れたもの——土や水や動植物など——からも細菌を取り込むようになる。その後、固形食が中心になると、およそ5~6歳くらいまでに「成人の細菌叢」になる。さらに年齢が上がっていくと細菌構成も変化することがわかっている。

フィンランドの研究によると、細菌の門レベルでは乳児で多いビフィズス菌が含まれる放線菌門が成人では減り、バクテロイデス門、乳酸菌やクロストリディウム属を内包するフィルミクテス門が増える。とくに健康な成人では4分の3をフィルミクテス門が占め、次がバクテロイデス門、3番目は放線菌門で、この3つの門でほとんどが占められていた。一方、高齢者ではバクテロイデス門が減って、100歳以上では放線菌門が再び現れた。

日本人の細菌叢を年代別に調べた研究でも、年齢が進むのに応じて細菌構成の変化が見られた。3～4歳から60代までは似たような構成となり、フィルミクテス門が優占、残りのほとんどは放線菌門とバクテロイデス門だが、フィンランドの結果とはバクテロイデス門と放線菌門の順序が逆転している。70代以上になるとバクテロイデス門とプロテオバクテリア門が増加してくる。また離乳後に放線菌門が減るのはフィンランドの結果と同様だが、老年期になるとさらに減少し、100歳を超えた人からは放線菌門が検出されなかったところも異なる。

もっともこれまでにも見たように、細菌構成は食事内容や栄養状態、あるいは抗菌剤の使用の有無などの条件によって大きく変わる。ただ、細菌構成をおおまかに乳幼児期、成人期、老年期で示すことはできそうだ。

このようにして人間の細菌叢は、最初は母親から受け継ぎ、その後は主に食物や水、そして環境から取り込まれた細菌群によって形成され、次第に安定していくと考えられている。その中でも、やはり影響が大きいのは食事である。先の狩猟採集民の細菌叢の多様性を見ればわかるように、食物についている細菌というよりも、日常的に摂取する食物の成分が腸内細菌叢形成に大きく関わっているといっていい。

その一方で、人類は地球上に拡散し多様化しつつも、ある一定の幅で共通の腸内細菌を保ち続けていることも事実である。いやそれが人間同士ばかりではなく、われらがいとこたち、大型類人猿とも共通性があるというのだ。同じ環境に暮らし同じような食料源に依存している、バアカ族と野生ゴリラの腸内細菌叢が似ているというのはわかるが……。

アメリカ・カリフォルニア大学バークレー校の進化生物学者アンドリュー・モーラー博士(研究当時はテキサス大学オースティン校)らは、野生のチンパンジー(タンザニア)、ボノボ(コンゴ民主共和国)、ゴリラ(カメルーン)の糞便を集め、含まれる腸内細菌を調べて、コネチカット州住民のものと比較した。彼らが着目したのは、腸内常在細菌のもつ酵素、DNAギラーゼ遺伝子(*gyrB*)の変異である。*gyrB*はリボソームDNAと比べて変異速度が速いことが知られており、その変異を見ることで細菌の種や種内グループの分岐年代が推定できる。モーラー博士らは、3種の霊長類と人間に共通するビフィドバクテリウム科(ビフィズス菌)、バクテロイデス科、ラクノスピラ科腸内細菌の*gyrB*の変異を調べ、その系統樹を描いた。するとその系統樹は私たち人類を含む霊長類の進化系統樹と似たものになった。

たとえば、ゴリラと他の系統が分かれたのは約１０００万年前、これに対して細菌が分岐したのは約１５６０万年前。同様に、現生人類の系統とチンパンジー・ボノボの系統が分かれたのはおよそ８００万年前であるのに対し、細菌は約５３０万年前に枝分かれしていた（ただし各類人猿の系統分岐年代は学説によって幅がある）（図６-３）。別のいい方をすると、細菌（の遺伝子）を見ればそのホストがゴリラであるか、チンパンジーであるか、ボノボであるか、それとも人間であるか、おおざっぱに当てることができるわけだ。

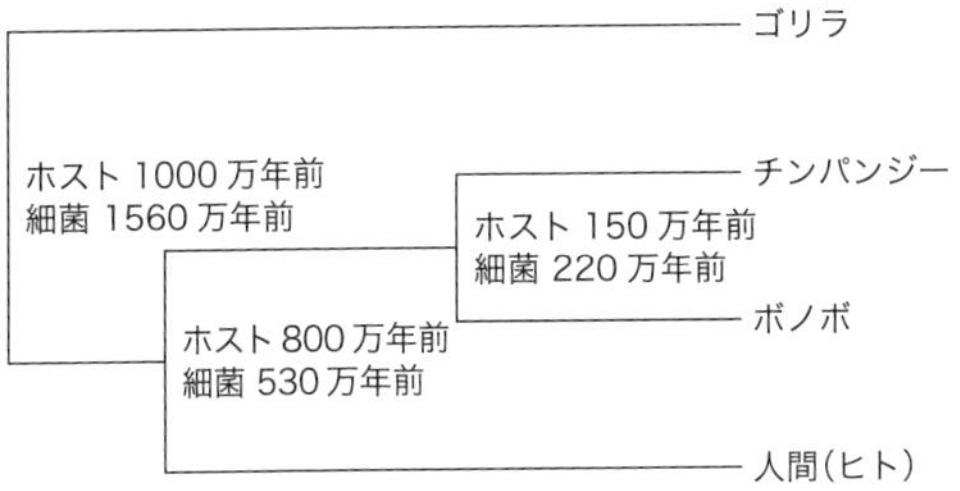

図 6-3　類人猿とヒトの系統分岐年代と細菌の分岐年代
(参考 : J. A. Segre and N. Salafsky: *Science*, 353 (6297), 2016)

人類を含む類人猿の細菌叢は、基本的には両者の共通祖先から受け継いだものであり、「人類と類人猿の共通祖先の腸内に共生していた細菌が、その後、類人猿の祖先が枝分かれするのと並行して、枝分かれしていった」とモーラー博士は考えている。

この結果は興味深いものであると同時に研究者を困惑させるものであった。なぜなら、先述のように私たちの腸内細菌は主に環境や食物に起源があると考えられてきた。ところが実際には種を超えて共通した細菌系統を保持し続けており、ともに進化を重ねてきたというのだから。

ランの花と花粉を媒介する昆虫のように、相互に適応し合いつつ進化する現象を「共進化」というのに対して、こうした異種間における同調的な種分化を「共種分化」と呼ぶ。哺乳類とその皮膚に寄生するシラミの間での共種分化はよく知られているが、ホストと特定のホストに寄生・共生する寄生生物（パラサイト）や共生生物（シンビオント）同士の間ではしばしば起こっているものと考えられる。

モーラー博士は共通する腸内細菌を調べることで、人類の進化や移動の歴史も明らかにできるのではないかと考えている。実際、アフリカ・マラウイ人とアメリカ人の細菌で*gyr*Bを比較すると、すでに一部の配列に違いが見られるのだという。

第1章で、腸内細菌はわれら動物の「進化の伴走者」だ、と書いた。多細胞動物が消化管をもつようになって以降、その環境に住み着き、適応して生きてきた細菌群は、途中で失われるものもあれば新たに共生するようになったものもあるけれど、入れ替わりながらも全体としては連綿とつながってきたにちがいない。とくに哺乳類が出現してからは、それは着実に親から子へと受け継がれるものとなった。私たちの腸内細菌叢は、いわば私たちの来し方を反映したものになっているのだ。それとともに、その関係は双方の進化を促してもきたのである。おそらく私たちの免疫システムや代謝システムの発達をめぐっては、腸内細菌との相互作用が大きな役割を果たしてきたであろう。ホストか細菌か、そのどちらが先なのかはともかく(おそらくそのどちらのケースもあったのだろう)、私たちは腸内細菌とともに進化してきた。果たしてその行く末はいかに。

脳の進化と腸内細菌

最後にもう1つ、こんな話をして筆を置きたい。

人類の大脳の進化は主に新皮質の発達によるところが大きい。知性や理性、思考をつかさどるのが新皮質であり、発達した新皮質こそが人間を人間たらしめているともいえる。この新皮質、中でも前頭前皮質は社会的行動と大きな関連があると考えられている。モーラー博士らのチンパンジーでの研究によれば、毛づくろいや性行動など、社会的行動により個体同士が接触することが腸内細菌叢の多様性を維持するために欠かせないという。これは人間でも同じことがいえるにちがいない。

一方、第3章で紹介したように、社会的関係を築きにくい自閉症スペクトラム障害(ASD)にディスバイオシスが関わっているらしいことがわかってきた。つまり、社会的行動と腸内細菌叢には、何らかのつながりがあるのかもしれない。

実際、他人との接触の機会が増えれば細菌はその中で広がりやすくなる。これは『ゾンビ・パラサイト』(岩波科学ライブラリー)に書いたが、寄生生物(パラサイト)がホストの行動をあやつる例は、ウイルスから昆虫まで、数多く知られている。ある種の腸内細菌が情動や食欲のコントロールに関与していることを考えれば、腸内細菌がホストの社会的行動にも影響を与え、他人との接触をより増やすようにコントロールするという考えは決して荒唐無稽なものではない。こうしたことから、個体レベルでの脳の発達だけでなく、新皮質の進化にも腸内細菌が大きな役割を果たしてきたと考える研究者もいるのだ。

腸内細菌叢は、それ自体が小さいけれども複雑な種間関係をもつ生態系である。しかもそれはホストである私たちと不可分なのである。腸内細菌叢が欠ければ私たちもなく、私たちがいなければ腸内細菌叢も存在しえない。私たちと腸内細菌叢は相互補完的であり、いわば機能的に統合された共生総体＝ホロビオント*と考えるべきなのだろう。

実際のところ、私たち人間を含む哺乳類は、腸内細菌叢を抜きに理解することができない。腸内細菌叢が全部で1〜2kg、すなわち脳と同じほどの重量をもち、私たちのからだを感染症から守ったり、健全な代謝や心の安定を保ったりするのに重要な役割を果たしている——少し前なら一笑に付されたような話だ。

より新しい技術や研究手法の開発によって、この分野ではこれからまだ驚くような発見が続くだろう。それは病気や治療という概念を、あるいは私たちの世界観そのものを大きく変えてしまうものかもしれない。

*ホロビオントのゲノム総体をホロゲノムと呼ぶ。

小澤祥司

環境ジャーナリスト／科学ライター．1956年静岡県生まれ．東京大学農学部卒業．主に生物多様性，自然エネルギー，持続可能な社会をテーマとして執筆活動．著書に『メダカが消える日』『エネルギーを選びなおす』『「水素社会」はなぜ問題か』『ゾンビ・パラサイト ——ホストを操る寄生生物たち』(以上，岩波書店)，『飯舘村——6000人が美しい村を追われた』(七つ森書館)などがある．

岩波 科学ライブラリー 267

うつも肥満も腸内細菌に訊け！

2017年11月15日 第1刷発行
2018年 1 月15日 第2刷発行

著 者 小澤祥司（おざわしょうじ）

発行者 岡本 厚

発行所 株式会社 岩波書店
〒101-8002 東京都千代田区一ツ橋2-5-5
電話案内 03-5210-4000
http://www.iwanami.co.jp/

印刷製本・法令印刷 カバー・半七印刷

ISBN 978-4-00-029667-0 Printed in Japan

●岩波科学ライブラリー〈既刊書〉

262 千葉 聡
歌うカタツムリ
進化とらせんの物語
本体一六〇〇円

地味でパッとしないカタツムリだが、生物進化の研究においては欠くべからざる華だった。偶然と必然、連続と不連続……。行きつ戻りつしながらもじりじりと前進していく研究の営みと、カタツムリの進化を重ねた壮大な歴史絵巻。

263 徳田雄洋
必勝法の数学
本体一二〇〇円

将棋や囲碁で人間のチャンピオンがコンピュータに敗れる時代となってしまった。前世紀、必勝法にとりつかれた人々がはじめた研究をたどりながら、必勝法の原理とその数理科学・経済学・情報科学への影響を解説する。

264 上村佳孝
昆虫の交尾は、味わい深い…。
本体一三〇〇円

ワインの栓を抜くように、鯛焼きを鋳型で焼くように——!? 昆虫の交尾は、奇想天外・摩訶不思議。その謎に魅せられた研究者が、徹底した観察と実験で真実を解き明かしてゆく、サイエンス・エンタメノンフィクション！ 〔袋とじ付〕

265 山内一也
はしかの脅威と驚異
本体一二〇〇円

はしかは、かつてはありふれた病気で軽くみられがちだ。しかしエイズ同様、免疫力を低下させ、脳の難病を起こす恐ろしいウイルスなのだ。一方、はしかを利用した癌治療も注目されている。知られざるはしかの話題が満載。

266 鎌田浩毅
日本の地下で何が起きているのか
本体一四〇〇円

日本の地盤は千年ぶりの「大地変動の時代」に入った。内陸の直下型地震や火山噴火は数十年続き、二〇三五年には「西日本大震災」が迫る。市民の目線で本当に必要なことを、伝える技術を総動員して紹介。命を守る行動を説く。

定価は表示価格に消費税が加算されます。二〇一七年一二月現在